乡村旅游精品线路设计及典型案例

马亮 编著

中国农业出版社

北 京

目 录
CONTENTS

第一章　乡村旅游概述 ·········· 1

　　一、乡村旅游的概念 ········· 1

　　二、乡村旅游的兴起与发展 ········· 3

　　三、乡村旅游的特点和功能 ········ 8

第二章　乡村旅游线路设计 ········ 17

　　一、乡村旅游线路设计的概念和原则 ·········· 17

　　二、乡村旅游设计的具体理论 ········· 23

第三章　春季乡村旅游线路 ········ 29

　　一、北京市大兴区　田园休闲游 ········ 29

　　二、天津市武清区　乡村休闲农业采摘游 ········ 34

　　三、山西省（临汾市）乡宁县　云丘乡村游 ········· 39

　　四、吉林省（延边朝鲜族自治州）安图县、珲春市
　　　　朝鲜族民俗文化游 ········ 44

　　五、上海市奉贤区　穿梭古今，寻梦心中桃源 ········ 48

　　六、江西省（上饶市）婺源县　古村落生态民俗游 ········ 52

　　七、江苏省（扬州市）仪征市　踏青世园休闲之旅 ········ 57

　　八、云南省（保山市）腾冲市　腾冲花海漫游 ········ 61

　　九、江苏省苏州市相城区　缤纷花海休闲游 ········ 65

　　十、河北省（邢台市）沙河市　早春观花浪漫游 ········ 69

第四章　夏季乡村旅游线路 ·· 73

一、北京市密云区　飞过芦苇荡·绿意在北庄——生态
休闲之旅 ··· 73
二、河北省（石家庄市）平山县　红色山水农业游 ········· 77
三、上海市崇明区　醉美花海观光游 ····················· 83
四、浙江省（温州市）永嘉县　岩头古镇楠溪韵味
精品游 ·· 91
五、山东省（威海市）荣成市　红色乡村休闲旅游 ········· 97
六、广东省广州市从化区　生态从化休闲农业游 ········· 104
七、广西（桂林市）全州县　红色教育乡村研学游 ······· 110
八、山西省（吕梁市）文水县、交城县、汾阳市
美丽田园休闲之旅 ······································ 116
九、重庆市大足区　荷韵原乡亲子游 ····················· 122
十、新疆克拉玛依市乌尔禾区　乌尔禾镇自驾探险游 ····· 127

第五章　秋季乡村旅游线路 ·· 135

一、北京市通州区　彩蝶部落休闲农业游 ················· 135
二、河北省（张家口市）怀来县　果蔬采摘生态
休闲游 ··· 140
三、上海市金山区　花果金山·醉美乡村之旅 ············· 146
四、江苏省苏州市吴江区　长漾品"香"休闲康养游 ····· 153
五、浙江省（湖州市）长兴县　秋季太湖民俗体验游 ····· 160
六、江西省（南昌市）南昌县、新建区、安义县
漫游南昌休闲精品·体验美丽诗意乡村 ················· 167
七、湖南省（长沙市）浏阳市　观赏采摘风情之旅 ······· 174
八、重庆市长寿区　长寿慢城——渔乐仙谷 ··············· 182
九、陕西省（商洛市）柞水县　美丽乡村休闲游 ········· 188

十、青海省（海北州）刚察县、海晏县
　　梦幻海北·大爱生态之旅 ……………………………………… 193

第六章　冬季乡村旅游线路 ……………………………………… 199

一、天津市蓟州区　冬日休闲，拾趣津郊 …………………… 199
二、河北省（保定市）易县　冬季滑雪，生态采摘 ……… 203
三、内蒙古（呼伦贝尔市）扎兰屯市、根河市、
　　鄂伦春自治旗　呼伦贝尔乡村冬季休闲游 …………… 208
四、辽宁省（大连市）庄河市　庄河冬季温泉滑雪游 …… 213
五、黑龙江省（大兴安岭地区）漠河市　北极冰天雪地
　　风情游 ……………………………………………………… 216
六、浙江省（衢州市）开化县　康体醉氧民俗体验游 …… 221
七、安徽省（安庆市）岳西县　大别山温泉养生·深山
　　赏雪之旅 …………………………………………………… 226
八、河南省（洛阳市）栾川县　栾川宿村寻味品民俗 …… 231
九、云南省昆明市　轿子雪山休闲度假游 ………………… 236
十、新疆维吾尔自治区（乌鲁木齐市）乌鲁木齐县
　　西域冬季冰雪体验游 …………………………………… 241

第一章　乡村旅游概述

　　2018 年的中央 1 号文件对如何将乡村生态优势转化为发展生态经济的优势提出了明确的路径："实施休闲农业和乡村旅游精品工程，建设一批设施完备、功能多样的休闲观光园区、森林人家、康养基地、乡村民宿、特色小镇。"由此可见，乡村旅游是我国乡村振兴重要的组成部分，有利于提高农民收入，解决很大一部分留守老人、妇女等就业问题，为广大农村实现现代化提供新的增长动力。2019 年，全国休闲农庄、观光农园等各类休闲农业经营主体达 30 多万家，营业收入达 8 500 亿元。2020 年，乡村休闲旅游吸纳就业 1 100 万人，带动受益农户 800 多万户，产业带农增收作用明显。2021 年的中央 1 号文件明确提出要开发休闲农业和乡村旅游精品线路。乡村旅游是 2021 年中国旅游业最重要的一部分，也是乡村振兴的重要突破口，有山、有水、有产业，将成为越来越多地方追求的乡村旅游发展目标。

一、乡村旅游的概念

　　随着乡村旅游不断发展，国内外学者从不同角度对乡村旅游的概念进行了大量的讨论，提出不下 30 种乡村旅游的概念，但要对乡村旅游进行界定，必须明确以下几个方面的内容。

1. 空间概念

　　乡村旅游是发生在乡村这个空间的旅游活动。乡村这个空间是专门指以从事农业生产为主的劳动人民生活的地方，或叫乡间聚居之地，它有别于都市、风景名胜区。

2. 资源概念

乡村旅游资源是存在于乡村这个空间的旅游资源。乡村中凡是具有审美和愉悦价值且使旅游者向往的自然存在、历史文化遗产和社会现象都属于乡村旅游资源，它不仅包括乡野风光等自然旅游资源，还包括乡村建筑、乡村聚落、乡村民俗、乡村文化、乡村饮食、乡村服饰、农业景观和农事活动等人文旅游资源。

3. 目标市场

乡村旅游的目标市场应主要面向城市居民，满足城市居民享受田园风光、回归自然、体验民俗的愿望。

4. 内容形式

乡村旅游是一个内容丰富、形式活泼的旅游形式。它除了能满足游客观光游览的需求，还可以满足游客度假休闲、体验农事等多种需求，是集观光、游览、娱乐、休闲、度假和购物于一体的一种新型旅游形式。

5. 发展特色

乡村旅游的特色在于它具有乡土性，而乡土性也正是乡村旅游吸引目标群体（城市居民）的独特优势。在进行乡村旅游规划、设计和组合时应充分利用这个优势，满足城市居民回归自然的愿望。

综上所述，乡村旅游是指以乡村空间环境为依托，以独特的乡村风光和乡村文化为旅游资源，利用城乡差异来规划、设计和组合产品，吸引城市居民前来进行旅游消费活动的一种新型旅游形式，它可以为乡村社区带来社会、经济和环境等方面的良好效益。

二、乡村旅游的兴起与发展

（一）国际乡村旅游的兴起与发展

有关乡村旅游的起源，说法很多。1855年，一位名叫欧贝尔的法国参议员带领一群贵族来到巴黎郊外农村度假，他们品尝野味，乘坐独木舟，学习制作鹅肝酱馅饼，伐木种树，清理灌木丛，挖池塘淤泥，观赏游鱼飞鸟，学习养蜂，与当地农民同吃同住。通过这些活动，他们重新认识了大自然的价值，加强了城乡居民之间的交往，深化了城乡居民之间的友谊。此后，乡村旅游在欧洲兴起并兴盛起来。20世纪60年代，西班牙开始发展现代意义上的乡村旅游。随后，乡村旅游在欧美等发达国家的农村地区迅速发展，并在20世纪80年代，形成相当规模，并且走上了规范化发展轨道，德国、意大利、荷兰、保加利亚、英国、美国、巴西、日本等国家和地区都开展了丰富多彩的乡村旅游活动，并获得了明显的社会、经济、生态效益。

以农庄度假和民俗节日为主题的乡村旅游，在欧洲、美洲开展的历史已超百年，在欧美一些发达国家，乡村旅游已具相当规模。据世界旅游组织统计，欧洲每年旅游总收入中，农业旅游收入占5%～10%。在西班牙，36%的人的假期是在1306个乡村旅游点度过的。以色列把乡村旅游开发作为农村收入下降的一种有效补充措施，乡村旅游企业数量逐年增多。新西兰、爱尔兰、法国等国家，政府把乡村旅游作为稳定农村，以及避免农村人口向城市过度流动的重要手段，在资金、政策上给予大力支持，从中也得到了丰厚回报。加拿大、澳大利亚和太平洋地区的许多国家，也都认为乡村旅游业是农村地区经济发展和经济多样化的重要推动力。在开发乡村旅游方面有成功经验的国家，均制定了专门的乡村旅游质量标准和管理法规，产品管理和市场开发都比较成熟。

（二）我国乡村旅游的起源与发展

中国是个古老的农业国，古代文人墨客的郊游和田园休闲活动，很早就已经产生，后来城市居民到城郊远足度假也十分频繁，但多是自助式的，而且旅游区域处于纯自然状态，不像现代乡村旅游进行了专门的农业旅游开发。我国当代乡村旅游起源于 20 世纪 80 年代的深圳，当时深圳为了招商引资开办了荔枝节，随后又开办了采摘园，取得了较好的效益。于是各地纷纷效仿，开办各具特色的观光农业项目，形成了许多特色鲜明的乡村旅游点。如四川的农家乐旅游项目、贵州的村寨旅游、北京平谷的蟠桃采摘园和大兴的西瓜采摘园、浙江金华石门农场的花木公园和自摘炒茶园等，它们都是我国较出名的乡村旅游示范点。20 世纪 90 年代初，作为农业产业结构调整的一种形式，乡村旅游在四川休闲之都——成都郊区龙泉驿书房村桃花节的成功示范效应的带动下，迅速在全国各地推广开来。

国内乡村旅游的起步晚，但发展速度比较快，其发展演变有以下几个阶段。

1. 早期兴起阶段（1980—1990）

主要集中在具有特殊自然资源和文化特色的乡村地区，如安

安徽西递宏村

徽省皖南地区的西递宏村和云南南部的民族地区。此时，乡村旅游开发尚无自觉发展意识。

2. 初期发展阶段（1990—2000）

"农庄旅游"开始在珠江三角洲地区兴起，主要表现为城里人开始到农村参观、品尝美食。20世纪90年代后，随着乡村地区观光农业园大规模建立，逐步形成市民农园、教育农园、休闲农场、休闲牧场、民俗农庄、森林旅游、高科技农艺园、多功能花园、乡村工业园、水乡旅游、田园主题公园、乡村生态旅游区等多种形式的乡村旅游，表现为城里人到各类农业观光园采摘水果、钓鱼、种菜、野餐、学习园艺等"农业娱乐"旅游。此阶段发展特征表现为以开发观光农业为主，满足大众休闲旅游的需求，并向"乡村度假"的方向发展。这期间涌现出一大批具有鲜明乡土特色和时代特点的乡村旅游地，如北京平谷的蟠桃采摘园和大兴的西瓜采摘园、淮北平原的"绿洲仙境"、江苏省江阴市华西村、上海的都市农业园、广东番禺的农业大观园等。这些乡村旅游地的开发和建设，不仅为当时城市中刚刚富裕起来的居民提供了新的旅游休闲地域与空间，而且为农民致富和农村发展开辟了新的道路。

大兴西瓜节

3. 初具规模阶段（2000—2010）

进入 21 世纪，中共中央、国务院高度重视乡村旅游的发展，中国共产党第十七届中央委员会第三次会议审议通过的《中共中央关于推进农村改革发展若干重大问题的决定》中明确提出要根据我国国情因地制宜地发展乡村旅游，这是历史性的重大突破。2001 年正式启动了"全国农业旅游示范点"创建工作，2002 年出台了《全国农业旅游示范点检查验收标准》，在全国创建"全国工农业旅游示范点"，对各地发展乡村旅游起到了极大的推动作用。2004 年，我国推出"中国百姓生活游"的旅游主题，其目的是通过旅游者走进百姓生活、百姓参与旅游活动、城乡游客互动带动乡村社会经济的发展。2006 年"中国乡村旅游年"更是把中国乡村旅游建设推向高潮。2009 年全国旅游工作会议指出：发展城乡旅游，已成为各地发展农村经济的重要抓手、培育支柱产业的重要内容、发挥资源优势的重要手段、促进城乡交流的重要途径、优化产业结构的重要举措，并启动乡村旅游"百千万工程"，即围绕旅游产业的全面发展，在全国推出 100 个特色县、1 000 个特色乡、10 000 个特色村，在国内开展的乡村旅游活动最初大多数是

四川丹巴美人谷

以观光旅游和周末度假的形式出现的，多在大、中城市近郊开展，多数为都市农业旅游或"农家乐"式的乡村旅游。之后一大批"体验农民生活，享受农村风光，欣赏农村风情"的新型乡村旅游产品在全国各地相继涌现。

4. 创意提升阶段（2011 年至今）

经过 30 多年发展，我国乡村旅游产业规模日趋扩大，业态类型日益多元，发展方式已从农民自发发展向规划引导转变，经营规模已从零星分布、分散经营向集群分布、集约经营转变，投资主体由政府鼓励农户投资向社会资本全面投资转变。相关部门将大力推进乡村旅游由自发式粗放发展向规范化特色发展转变，努力把乡村旅游产业做大。

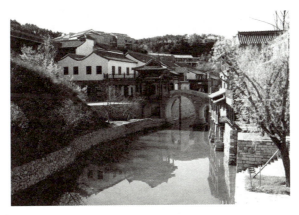

北京古北水镇

从 2011 年开始，农业部、国家旅游局在全国联合开展休闲农业与乡村旅游示范县和全国休闲农业示范点创建活动。活动的目的是通过创新机制、规范管理、强化服务、培育品牌，进一步规范并促进休闲农业与乡村旅游发展，推进农业功能拓展、农村经济结构调整。国家旅游局投资项目库的数据显示，2016 年，全国乡村旅游类产品实际完成投资 3 856 亿元，同比增长 47.6%，主要集中在民宿、特色小镇、乡村旅游综合体等领域。全国休闲农业会议的数据显示，2016年全国休闲农业和乡村旅游接待游客大约21亿人次，营业收入超过5 700亿元。2016年，乡村旅游从业人员845万，带动672万户农民受益。截至目前，全国共创建休闲农业和乡村旅游示范县328个，中国美丽休闲乡村370个。乡村旅游正以高于其他旅游形式的发展速度高速增长，且占国内旅游市场的份额不断提升。

莫干山法国山居民宿

三、乡村旅游的特点和功能

（一）乡村旅游的特点

1. 乡村性

乡村旅游的核心吸引力和卖点就在于其特有的乡村性。从资源的吸引力角度分析，乡村地区在长期的历史发展过程中，各种生产、生活要素的积累和沉淀使乡村具有独特的自然资源和文化资源，包括乡村田园风光、特色饮食、民居建筑、农耕文化、节日庆典等，这些资源极具乡土气息。以这些资源为载体的乡村特色活动是乡村旅游吸引力的核心，也是促进游客涌向乡村的驱动力。另外，从游客的需求角度分析，乡村旅游迎合了游客回归乡土、亲近自然的旅游需求。乡村旅游的活动内容有别于城市旅游，它是以浓厚的乡村性来吸引广大游客的。现代社会随着生活节奏的加快、工作压力的增大，紧张重复的劳动使人们怀念农村的恬静与惬意。无论是美丽的自然风光、各具特色的民俗风情，还是风格各异的农家菜肴、别具一格的居民建筑以及充满情趣的传统劳作，都是城市不具备的优势和特色。

哈萨克族民俗——姑娘追

北京柳沟豆腐宴

2. 参与性

区别于城市旅游等偏向纯观光的旅游方式，乡村旅游具有很强的参与性。游客到达目的地后，除了欣赏农村优美的自然风光外，还可以亲自参与一系列民俗活动。在乡村，游客可以参与茶农们采茶、炒茶和泡茶的全过程，也能上山下地参与农耕劳动，如采摘蔬菜瓜果等；在"渔家乐"，游客可进行垂钓、划船等活动。通过这些活动，游客们能更好地融入乡村旅游，对农家的生活状态、乡土民情有更深入的了解，而不是作为"旁观者"欣赏风景。

农耕劳动

渔家海钓

3. 体验性

游客喜爱乡村旅游很大程度上是因为它具有体验性。乡村旅游不仅是单一的观光游览项目，还是包含观光、娱乐、康疗、民俗、科考、访祖等的多功能复合型旅游活动。游客可通过直接品尝农产品（蔬菜瓜果、畜禽蛋奶、水产品等）或直接参与农业生产与生活实践活动（耕地、播种、采摘、垂钓等），感受农民的生产劳动和乡村的民风民俗，并获得相关的乡村生活知识和乐趣。乡村旅游的参与者多数是城市人群，他们要么对乡村生活完全陌生，有好奇和向往，要么曾经熟悉乡村生活，在已经远离大自然和农村之时，试图借乡村旅游重新获得对乡村生活的体验和回忆。有这样的内涵，游客自然会格外看重乡村旅游的体验性，希望借此获得全新或曾经熟悉的生活体验。

农耕体验

4. 差异性

乡村旅游的差异性着重体现在地域和季节两个方面。在地域方面，由于气候条件、自然资源、习俗传统等的不同，不同地方乡村旅游的活动内容存在很大差异。在季节方面，由于农业活动很大程度上依赖季节，所以随着季节的转变，各地乡村旅游活动呈现明显的季节性差异。乡村旅游资源大多以自然风貌、劳作活动、农家生活和传统习俗为主，农业生产各阶段受水、土、光、热等自然条件影响和制约较大，因此乡村旅游尤其是那些观光农业在时间上具有可变性，导致乡村旅游活动具有明显的季节性特征。季节、气候的不同，赋予了乡村旅游资源以不同风貌满足游客的不同需要。同时，乡村旅游在空间上有分散性特点。这种空间上的分散扩大了旅游环境容量，可以避免城市旅游的拥挤和杂乱现象，缓解游客游览时的紧张情绪，最大程度地激发游客的旅游热情。

云南罗平 4 月油菜花　　　　青海门源 8 月油菜花

5. 目标市场是城镇居民

乡村旅游的特点在于其拥有浓重的乡村气息，因此这种旅游形式对生活在农村的人不具有吸引力。但是，对生活在高度商业化的大都市居民而言，钢筋水泥的建筑群、繁重的工作压力以及浑浊的空气都让他们对乡村旅游充满了幻想和憧憬。

空气污染的城市　　　　　　西藏民宿

6. 费用相对较低

乡村旅游的经营主体是农民，旅游资源大多是利用现有的农业资源打造而成，不用进行大量的投资就可投入使用并获得经济收益，因此投资少见效快。也正因为成本较低，游客在进行消费时所支出的费用也相对较低，无论是住宿、餐饮还是交通等开支，都比城市旅游低得多。

青岛渔家宴

（二）乡村旅游的功能

1. 审美享受

长期生活在城市之中，人们看到的是钢筋水泥，听到的是汽车喇叭，呼吸的是浑浊的空气，在这种情况下，人们需要获得别样的审美愉悦，而乡村旅游正符合了这种需求。这种美是纯自然的，是历史遗留的。无论是怡人的自然风光，还是充满趣味的田园生活，或是清新的空气，都让久在都市中生活的人获得别样的审美享受。

2. 缓解压力

人们之所以选择乡村作为旅游目的地，主要是因为人们想要摆脱城市中快节奏和紧张重复的生活状态，人们想暂时远离固定的生活，遗忘生活上和工作中的不快。经过一段时间的放松之后，能以一种全新的状态回到现实生活中，重新接受挑战。

3. 教育体验

对于乡村旅游，亲子市场非常重要，因为除了娱乐以外，也能对孩子进行最直接、最现实的教育。通过体验农村生活、品尝乡村野味、参与农业劳动，从小生活在城市的孩子能够体验农村别样的生活方式，感受农村人民的辛苦和勤劳，学习自然知识，寓教于乐，是一种很好的教育方式。

4. 文化传承

相比于城市，农村往往保留着更多的中国传统文化。建设民俗文化村，举办民俗文化节，都市人通过参与其中能够更好地了解乡村社会文化和民俗风情，对传承中国传统文化有积极的作用。乡村旅游的开发可以挖掘、保护和传承农村文化，以农村文化为吸引物，发展农村特色文化旅游。同时，通过发展乡村旅游可以使农村吸收现代文化，形成新的文明乡风。

5. 扶贫致富

旅游业是一种投资少、见效快、收益高的高度综合的特殊产业，通过初次分配和再分配的循环周转，不仅促进了经济的发展，而且促进了贫困地区产业结构的优化、转变，从而提高贫困地区人民的生活水平，缩小与发达地区之间的差距。同时，发展乡村旅游能使那些拥有丰富旅游资源却经济贫困、交通落后的地区，加快招商引资的步伐。在贫困地区，由于土地资源有限，农村剩余劳动力一直存在。因此，通过发展乡村旅游，可以安置过剩劳动力，扩大就业面，极大地维护和促进当地社会的稳定，提高社会的整体效益。

6. 改变乡貌

农村地区之所以落后，很大一部分原因是观念落后，而乡村旅游的发展可以吸引大量城市游客。农民在为游客服务的同时，也可以开阔视野，吸收城市先进的思想和观念。乡村的生态环境、社区居民的精神面貌、乡风文明等可得以改变。

第二章 乡村旅游线路设计

乡村旅游要得到充分发展，必须要整合相关乡村旅游资源及优化乡村旅游服务供给，形成丰富的乡村旅游线路。改革开放以来，我国乡村旅游从无到有，发展迅速，但是各地乡村旅游线路的发展水平参差不齐。根据生命周期理论，我国乡村旅游基本处于"生命周期"里的巩固阶段，虽然乡村旅游线路发展态势良好，但同时也面临各种困难和挑战。国家和地方政府对各地的乡村旅游产业非常重视，每年都会组织编写各季节的典型旅游线路攻略，但更关注对沿线景点的介绍和推荐，忽视旅游产品作为综合性产品的特点，没有包含线路沿线吃、住、行、购、娱等其他内容。因此，我们有必要了解和梳理乡村旅游线路设计的基本概念和基本理论，为我国乡村旅游线路的科学发展提供参考。

一、乡村旅游线路设计的概念和原则

（一）乡村旅游线路的概念

所谓乡村旅游线路，是指在一定的乡村区域内，为使游客能够以最短的时间获得最大观赏效果，用交通线把若干乡村旅游点或旅游服务设施合理地贯穿起来，形成具有一定特色的路线。

因此，在进行乡村旅游线路设计时，必须首先划定乡村旅游的区域范围，确定典型乡村旅游景点，再以交通路线连接起来，同时安排沿线的饮食、住宿、特色购物等服务。

（二）乡村旅游线路的设计原则

旅游需求会根据市场的变化而不断改变，所以乡村旅游线路的设计过程会不断变化并不断完善。根据乡村旅游资源的深度开发和旅游者需求的变化，乡村旅游线路的设计必须要有一定原则，乡村旅游产业才能得到快速发展和完善，才能更好地实现城乡和谐发展。只有对各方面因素综合考虑，才能设计出比较理想的、具有最佳旅游效果和产品竞争力的游览路线，才能使旅游地的景观资源和其他旅游资源发挥出最大的综合效能。

1. 尊重乡村的生活方式

乡村旅游活动的主要场所在乡村，游客参加乡村旅游，可以只是参观游览，也可以体验村民的生活方式，但是应注意不能干扰村民的正常生活，旅游线路的设计应顺应农村生活方式。为此，首先必须按照旅游容量的测算要求，严格控制游客的数量，保持一定的旅游环境容量；其次，要考虑当地基础设施的容量，包括住房、道路交通系统、饮用水供应系统、排水系统等，不能使这些基础设施过载，或者失去其独特性；再次，要考虑粮食、蔬菜、肉类、饮用水等主副食品的供应量，最好能让游客品尝到当地的绿色食品和乡村特色食品；最后，要提前向游客讲解清楚当地村民风俗习惯，特别是各种各样的禁忌，提醒游客尊重村民，尊重当地风俗习惯。总之，在设计乡村旅游线路时要做到既满足游客的需求，又不能影响正常的乡村生活。

2. 满足旅游者对乡村文化的体验需求

设计乡村旅游线路时要以游客的实际需要为出发点，关注游客需求的变化，在此基础上，求同存异，尽可能满足其个性需要，开发设计出适销对路的乡村旅游产品。乡村旅游产品的开发只有在关注细节的基础上开发出游客真正需要的旅游产品，才能使游客有好的体验，让游客满意。优质的旅游体验能为旅游者带来精神方面的满足，是旅游者获得满足感的价值提供物，而乡村生态景观的多样性和民俗文化的丰富性为旅游者体验乡村生活提供了丰富多彩的"场景"。因此，以人为本的体验设计必将成为乡村旅游重要的开发措施。

在乡村旅游的过程中，旅游者得到的是乡村原生态的审美愉悦体验，他们沉浸于乡村风景之中，无论是自然的田园风光、古朴的旧式建筑，还是民俗活动（如乡村特色食物宴、乡村歌舞、婚俗等），其魅力在于它拥有强烈的原生态特征、艺术性和独特性，它们蕴藏着很多乡土元素和内涵，能给旅游者带来强烈的视觉冲击，使旅游者在旅游项目中得到良好的审美体验。如海南保亭县原始森林的负氧离子体验、漂流体验等能给旅游者提供难忘的原生态环境体验。根据发生在某些乡村的特定历史事件，让旅游者参与相关的旅游项目中，会获得比观赏风景更好的效果。如北京市顺义区焦庄户"地道战"遗址，旅游者可以置身其中，发挥想象，重新演绎当年抗日战争的烽火故事。乡村旅游体验强调的是服务的个性化。旅游经营者可以通过对乡村旅游服务工作的个性化整合，让旅游者产生欣喜、惊讶等情感，引发游客的共鸣，让游客体验回归乡村生活，如让旅游者参观老房子、荷锄种菜、摇轱辘水井、推石磨等。

3. 注重乡村旅游线路文化内涵的建设

乡村旅游者的旅游目的不仅是放松身心，还包括感受不同于自身日常生活所在地的独特的文化动机，是一种满足精神需求的文化审美活动。旅游与文化密不可分，文化是旅游的灵魂，旅游是文化的载体。乡村旅游产品设计上要具有特色性和文化性，要在巩固已经取得的开发成果的基础上，善于挖掘、保护、利用乡村文化。对乡村旅游文化的挖掘，一要依据自然资源条件，把握文化脉络；二要搜集、整理、分析资料，寻找比较优势，注重特色营造；三要确定核心主题，明确目标市场定位；四要营造文化氛围，全力打造特色。最后要把乡村旅游区的文化展示融入精心设计的系列主题活动之中，以活动为载体，创造体验，创造交流，弘扬文化。开展乡村旅游所依托的是高度浓缩在乡土自然环境中的民俗风情，所以，文化是乡村旅游得以发展壮大的根基，旅游者融于其中，能体验到不同的文化氛围。如陕西省礼泉县的袁家村主打关中民俗和美食文化，其旅游规划特色在于没有一味追求复古和高大上，而是以"越土越地道，土得掉渣才是特色"为理念，表现原生的地域文化及风土民俗，如地道的农家美食、民居、民俗文化、民居式的酒店体验以及农家生活体验等。该地年接待游客 200 多万人，旅游综合收入过亿元。只要乡村旅游线路的设计能够充分挖掘民族文化中丰富的"营养成分"，赋予乡村旅游线路一定的文化内涵，就能为旅游者带来高层次的精神享受，同时提升乡村旅游的档次和旅游产品竞争力。

4. 乡村旅游线路以时间短、距离近为宜

大多数农村都拥有宁静优美的自然环境，有的乡村还能够提供一定的食宿条件。随着私家车越来越多，乡村旅游成为越来越受欢迎的旅游方式。大部分旅游者会把较长的休假时间用于长途旅行，利用周末闲暇参加周边乡村旅游活动来放松身心。所以，乡村旅游线路的设计应以时间短、距离近的原则为主。虽然时间短，特色却不能少，如周末乡村旅游线路可以让旅游者体验城市郊区的"乡村生活"，既满足了人们回归田园风光和乡村宁静生活的需求，也满足了城市少年儿童到农村去体验农家生活的求知需要，同时还满足了一些人"回老家"的怀旧心理需求，加深了旅游者对农村、农业和农民的认识。随着乡村旅游的个性化需求的变化，也可以根据乡村环境和服务特色设计"乡村度假""乡村会议""乡村民俗庙会"等产品，使得乡村旅游线路做到时间虽短，但内容丰富，特色明显。

5. 注意保护乡村旅游地区的环境

乡村旅游线路的主要发展背景是原生态的乡村环境，原生态

环境是乡村旅游的独特优势，这些旅游资源都是相对未受干扰或没有被污染的文化遗产或自然资源，它们是乡村旅游线路中的亮点。如果在旅游产品开发、运营的过程中，不注重对资源的保护，不加强对乡村生态环境的保护和建设，急功近利，目光短浅，就会因对许多旅游资源特别是文化遗产类资源的不当使用，造成不可弥补的损失，给乡村旅游的长远发展带来致命打击。因此，在乡村旅游线路设计中，环境保护是不可忽视的内容。一方面在乡村旅游产品的设计与开发时应对旅游景点的区域化布局和差异化发展、发展潜力评价、生态环境的保护以及营销策略等进行规划和研究，开发确已具备条件的旅游资源；要引导经营管理人员加强学习，同时重视做好针对旅游者的宣传和教育工作，担起经营管理者的责任。另一方面要未雨绸缪，制订策略以阻止旅游者破坏环境、污染水以及制造旅游垃圾、噪声，消除不当旅游活动对当地文化的消极影响。

6. 注重品牌意识

目前大多数城市的乡村旅游还在起步阶段，"吃农家饭、住农家屋、体验农家活动"等低层次乡村旅游活动千篇一律，乡村景观和农家活动的形式都差不多，不能持续吸引游客，这给乡村旅游的发展带来隐患。乡村旅游要想获得长期竞争优势，必须走品牌发展之路。要通过具有地方乡村特色的旅游产品创造品牌，通过高质量的服务打造品牌，依靠先进科技、科学培训、严格管理、人性化服务提升品牌，乡村旅游才能得到持续发展。要重视宣传，扩大影响，加大乡村旅游宣传力度，提升乡村旅游知名度。

进行线路设计时要着眼于打造乡村旅游的精品线路，力争做到"成熟一个、建设一个、成功一个"。乡村旅游发展较好的一些地区的实践证明，只有打造精品乡村旅游才有竞争力和生命力。如北京不断提倡打造"一村一品"的乡村旅游发展思路；成都也有"花乡""农科村""古镇""民俗风情"等特色各异的乡村旅游精品线路；广西阳朔县根据旅游业发展现状和旅游资源条件，着力打造出十里画廊、渡江徒步、遇龙河山水田园风光、中国画古镇艺术体验四条旅游精品线路。凭借这些精品线路，让旅游者在旅游中感受到原汁原味的乡村美，吸引了海内外的大量游客，有力地促进了当地旅游业的发展和乡村建设。

7. 注意"可进入性"的建设

一般来说，一次完整的旅游活动的空间移动分三个阶段：从日常住地到旅游目的地、在旅游目的地各景区观光游览、从旅游目的地返回日常住地。这三个阶段的特征可以概括为：进得去、散得开、出得来，这也是旅游线路的可进入性问题。可进入性指的是旅游景区景点具备道路畅通以及标识明确等要素。没有通达的路况和明确的方向指示标志，就不能保证游客空间移动的顺利进行，会出现交通环节上的压客现象以及发生意外事件时的拥堵挤压甚至踩踏现象。因此在设计线路时，即使具有很大发展潜力，但对于目前可进入性差的景区景点，也应慎重考虑。否则，因交通因素，导致途中颠簸，游速缓慢，影响旅游者的兴致与心情，不能充分实现时间价值，以及出现意外情况时不能及时疏通和救援，都将造成严重的后果。

8. 主题突出、特色鲜明

总体上看，乡村旅游所在地区大多山清水秀，自然旅游资源相似度高，但是各地旅游资源的丰厚度、特色度、组合度及区位条件是不同的，突出各线路的旅游主题不仅现实而且必要。主题旅游本身就是对景区内涵的浓缩和升华，不仅能突显景区魅力，容易一下子抓住游客，而且能使同一旅游地对不同的主题进行多次组合从而设计旅游线路，进而增加旅游地的被感知机会，大大提高旅游地的重游率。所谓品牌响亮、特色突出，在很大程度上体现的就是主题。展示特色，突出主题，提高产品竞争力，是旅游线路设计成功的保证。一要突出乡村自然景观的优势，引导游客领略独特的田园风光、山水景观，开展具有特色的乡村生态旅游，满足游客旅游审美的需求；二要突出乡村的传统文化优势，充分挖掘古村、古镇的文化内涵，宣传具有特色的传统乡土工艺技术，展示现代农业的科技水平等，使游客在乡村旅游过程中，获得更多的历史知识、农业知识、现代科技知识等，满足游客对物质和精神享受的需求；三要体现地方民族特色，在建筑、服饰、饮食、歌舞乃至旅游活动的设计等方面，尽可能全面地展示民族风貌、风情、习俗等，使游客对不同文化有了解、感受和体验，增强乡村旅游的吸引力。如云南的少数民族风情旅游线路：昆明—大理—丽江—西双版纳，展现了绚丽的自然风光、浓郁的民俗文化和宗教特色。如古老的东巴文化，大理白族寓意深长的迎客"三道茶"，"东方女儿国"泸沽湖畔摩梭人母系氏族的生活形态，美丽而淳朴的丽江古城，以及纳西族妇女奇特的服饰"披星戴月"装等等。这些旅游线路和旅游项目在世界范围内都是独一无二的，具有不可替代性，以其绚丽多姿的独特魅力深深吸引广大的中外游客流连忘返。

二、乡村旅游设计的具体理论

（一）乡村旅游线路设计的技术路线

乡村旅游线路设计是一个技术性（经验性）强的工作，它涉及几个基本问题：旅游产品的目标市场是什么，其可能的变化趋势如何，这决定了乡村旅游线路设计的需求背景；与乡村旅游目的地经济发展水平、旅游发展水平、服务管理水平等相联系的旅游供给一体化程度，即地区旅游产业内外关联和协调能力如何；旅游者在乡村旅游目的地消费旅游产品时，其行为的自主程度如何，或者说，目的地政府和旅行机构把控和引导游客的作用和程度如何。因此，乡村旅游线路设计需要遵循一定的技术路线，综合、全面考量和运用各个信息要素。

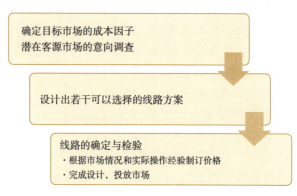

确定目标市场的成本因子
潜在客源市场的意向调查

设计出若干可以选择的线路方案

线路的确定与检验
·根据市场情况和实际操作经验制订价格
·完成设计，投放市场

乡村旅游线路设计的技术路线

　　确定目标市场的成本因子，是在进行全面的市场调查、充分掌握市场信息的前提下做出的判断，它在总体上决定了乡村旅游线路的性质和类型。通过对乡村旅游潜在客源市场的意向性调查，根据游客的类型和期望确定组成线路内容的旅游资源的基本空间格局，乡村旅游资源的对应旅游价值必须用量化的指标表示出来，同时与一系列主要沿线旅游服务供应商（乡村民宿、乡村餐馆、旅游特色商品销售商和租车公司等）谈判和协调。结合前两个步骤的背景材料对相关的乡村旅游基础设施和专用设施（车辆、住宿等）进行分析，统筹配置旅游服务六要素，设计出若干乡村旅游线路方案。对所设计的乡村旅游线路进行确定与检验，选择最优的旅游线路方案，需要强调的是，线路可以不止一条，对不同消费需求的游客，线路安排应该做到多样化。之后根据市场情况和实际操作经验确定价格，常用的方法是：产品直接成本＋利润＝产品基本价格。直接成本一般包括住宿费用、交通费用（城乡交通、渡轮、景区环保车等）、门票费用、餐饮费用、导游服务费用、旅游保险费用等。一日或两日游的短线旅游，其利润一般不受季节的影响，所以要依据当地市场行情确定。其中，设计乡村线路方案富含技术性（经验性），设计时必须对市场调查总结出的基本空间格局不断进行调整、修正，以形成新的、带有综合意义的空间格局。

（二） 乡村旅游线路设计的核心要求

乡村旅游产品设计的核心要求是面向市场、以人为本。要把乡村旅游产业做大做强，就必须在产品设计——旅游线路创新上下功夫，必须开发设计能适应市场、适销对路的多样化旅游产品。而乡村旅游线路设计属于实际操作的课题，乡村旅游产品设计过程是把旅游资源、旅游设施和旅游服务三者整合，使其转化为旅游产品的过程。一项旅游产品的设计是否成功要看它是否能走向市场，为旅游消费者所接受。通过对构成旅游产品主要吸引力的"兴奋点"和构成产品主要赢利能力的"消费点"的合理设计，满足旅游消费者和旅游经营者两方面的需求，体现人本精神，适应市场需求，使游客变多，产品增值，利润增大。

（三） 乡村旅游线路编排

1. 旅游点结构合理

编排乡村旅游线路的旅游景点要尽量避免重复经过同一旅游点，避免走回头路，一般设计路线以环线或者马蹄形为最佳；乡村旅游的日程一般为 1～2 天，线路的各旅游点距离要适中，避免大量时间浪费在交通上；乡村旅游主要以放松身心、回归自然为目的，乡村旅游线路的顺序需科学，注意"劳逸结合"，同时择点适量，不能一味追求景点"多多益善"。

2. 交通安排合理

交通的合理安排主要体现在两点：一是司机和导游要尽可能提前熟悉行车线路，尽量避免走回头路，更不要出现迷路或不认识路的情形；二是注意交通工具的选择与线路主题合理结合，能够体现主题特色的各种交通工具都可以酌情使用。

3. 服务设施有保障

乡村服务设施的保障程度直接影响旅游质量，应重视乡村旅游的服务接待设施建设，在线路编排时尤其要考虑旅游地的住宿、餐饮、公厕及临时休息场所等主要服务设施的保障程度。

4. 旅游速度要把握

人们常讲"旅速游缓"，常常将"旅"和"游"分开来，但两者实际是很难分开的，在景点的游览是"移步换景"的过程而不是简单的驻足"看风景"，而交通旅途本身也是观光的过程，因此，旅游速度层面的旅速游缓、旅缓游缓、旅缓游速等方式都是进行编排线路时应该考虑的问题。

（四）乡村旅游线路设计的注意事项

为了尽量减少乡村旅游活动开展以后出现问题，在乡村旅游线路设计时除了遵循应有的设计原则外，需要注意以下几个方面的问题。

1. 提高规划设计水平，线路设计要尽量保持乡村整体风貌

实践证明，一般游客对乡村旅游景观及其原生态文化的要求具有两面性：一方面，游客希望体验真实的乡村文化和景观；另一方面，游客无法忍受基础设施、卫生状态、舒适程度等方面的落后。也就是说，游客追求的反向性是有限度的、相对的，甚至是表面的，他们接受居住环境、生活习俗、文明传承等方面的反向性，而不是落后面貌带来的反向性。应通过科学规划和设计，尽可能使乡村旅游线路保持乡村整体景观和浓郁的乡村性。

2. 利用价格机制，调节游客流量，减少设施闲置

旅游地设施使用的时间波动性是提高投资效率方面的重大障碍。这个问题不仅存在于乡村旅游领域，而且表现得尤为突出。

单纯依靠增加投资来满足旺季需求是低效的，因为设施建设投入越多，淡季时闲置的设施越多。为了尽量克服其影响，提高乡村旅游设施的利用效率和投资效益，在进行旅游线路设计时，要充分利用价格机制。具体来说，就是要细化定价方式，实行分季节定价、分时段定价，有效引导客流，最大程度地平抑客流量的波动，从而提高旅游设施的利用率。

3. 增加活动内容，丰富线路内涵，提高线路重游率

我国乡村旅游活动内容单一，"农家乐"提出的"吃在农家，住在农家，参与农家活动"也未能完全做到。"乐"的内容不外乎是把城里的扑克、麻将拿到农家里来玩，大部分游客无所事事，吃一餐饭就离开了。单调重复的活动，没有达到有效交流、消费的目的，反而导致许多市民产生了失望甚至厌恶情绪，参加一次就不再去了，乡村旅游的重游率迅速下降。乡村旅游线路设计中，具体活动应该围绕当地的资源基础和游客的需要而展开，着重体现"三亲"。亲知：让旅游者了解农（副）业科技知识、当地的历史文化、民风民俗、社会变革、家庭变迁等。亲行：组织和引导旅游者参与农事活动、民俗节庆、乡村体育、乡村游艺等，其中参与自做农家美食尤其受女性游客的欢迎。亲情：将旅游者作为乡村家庭的成员，与其结对子、拉家常、共同娱乐等。这样就可以增加内容、丰富内涵，提高旅游线路的吸引力，提高旅游线路的重游率，进而延长乡村旅游的生命周期。

4. 线路设计时应注意生态问题

乡村旅游虽然有别于生态旅游，但生态问题却是乡村旅游线路设计时必须认真考虑和严肃对待的重要问题。乡村旅游特有的历史文化资源和自然生态资源具有不可再生性，一旦损毁是不可逆的。旅游地生态环境的保护状况直接影响到旅游地的生命周期，传承和保护独特的自然与文化资源，是乡村旅游发展的重要内容。在线路设计时，要按照"保护为主、合理利用、加强管理"的方

针，坚持合理利用与严格保护并重的原则，正确处理利用与保护、长远利益与眼前利益、整体利益与局部利益的关系，依法管理，建立保护与开发机制，防止对生态环境及历史文化资源造成破坏，实现生态资源的可持续利用。在设计线路时应重视当地群众的参与性和收益性，照顾当地农民福利、充分考虑当地社区发展。群众参与存在着直接性，因为他们是利益主体，确定了利益主体，资源的开发保护就比较容易进行。只有当地群众积极参与，才能把破坏生态资源的力量转变为保护生态资源的力量、建设性的力量。

第三章　春季乡村旅游线路

一、北京市大兴区　田园休闲游

1. 特色景区

● **精品点 1：永定河绿色港湾**　园区位于北京市大兴区北臧村镇左堤路以西，占地面积约 3 356.8 亩*。园区在保证平原造林和永定河行洪的前提下，打造功能突出、特色鲜明的景观林，为城南居民提供健身锻炼、健康骑行、休闲娱乐的场所。永定河绿色港湾建设 3 千米长的以海棠为主题的塑胶海棠大道、10 千米闭环骑行道以及中心广场灯光秀体验区，集骑行运动、康养徒步、景观体验、娱乐休闲等功能于一体，为居民营造一个安静、绿色、富氧的休闲场所。

● **精品点 2：梨花村**　梨花村位于大兴区庞各庄镇永定河畔万亩古梨园核心区，是北京市十大果树专业村之一、北京市最美乡村。梨花村内有华北地区面积最大、树龄最老、品种最多、开花最早的万亩生态梨树群。梨花村梨树种植历史悠久，果树种植面积 3 700 余亩，有"万亩梨园"之称。每年四月梨花开放，汇为一片美丽壮观的花海。园区内还有百年贡树、御梨园等景观。秋季游客们纷至沓来，亲自在绿色的农家果园里采摘香甜可口的新鲜梨，还可以自己动手挖红薯与刨花生，与家人一起享受有乐趣的

---

　*　亩为非法定计量单位，1 亩≈666.7 平方米。——编者注。

农家田园生活。

● **精品点 3：西瓜小镇**　西瓜小镇地处"中国西瓜之乡"——北京大兴庞各庄，毗邻大兴国际机场。小镇创建于 2004 年，是集餐饮住宿、休闲旅游、观光采摘、购物娱乐、婚庆会议、中医诊疗、健康养生、科普培训等于一体的大型综合生态园区，是文旅融合、农旅融合、休闲养生的特色小镇，是都市人休闲度假、康养旅游的胜地。小镇年接待游客超过 20 万人次，连续多年举办"北京大兴西瓜节（季）""全国西甜瓜擂台赛""西瓜美食（雕刻）大赛"等大型活动。小镇特色美食有西瓜宴、养生药膳，游客享受特色美食的同时还能免费享受中医专家的健康咨询和义诊，获得超值旅游体验。

● **精品点 4：老宋瓜园**　老宋瓜园位于中国西瓜第一乡——北京市大兴区庞各庄镇。公司以"以科技促生产、以品牌创效益"为发展宗旨，以产业化经营为发展模式，集科研开发、科技试验示范、生产销售、旅游观光、休闲采摘于一体。老宋瓜园 2003 年建成，占地面积 120 亩，使多年积累的传统种植经验与现代科学技术不断融合，形成"老宋瓜王"产品品牌。"老宋瓜艺苑"联栋温室突出"自然、艺术、文化、科技"四大主题，形成了文化内涵丰富、艺术内容丰富、科技含量高的西瓜主题公园。园内采用西甜瓜水培技术、基质栽培技术、蔬菜树体栽培技术，形成了"南北水果大聚集、蔬菜花卉相映衬"的景象。

● **精品点 5：纳波湾月季园**　纳波湾月季园是一家以研发、生产、销售月季种苗并承接花卉主题公园、城镇绿化工程等为主的专业园艺公司，现已建成2 000余亩月季生产基地，年产月季1 200万株，是北京市最大的月季生产出口基地。公司秉承"创建国际一流月季基地品牌"的奋斗目标，携手国内外著名花卉科研机构，打造集研发、生产、销售、运营于一体的月季产业链。公司拥有国内一流的月季育种、栽培、养护团队，下设研发部、育种中心、新品种繁育测试中心、园林规划设计部、绿化工程部等 5 大机构，拥有 8 个色系 2 560 个新优月季品种，以及树状月季、古桩月季、礼品月季等具有自主知识产权的系列产品。

●**精品点6：世界月季主题园** 园区占地658亩，是2016年世界月季洲际大会开幕式和闭幕式的主会场，内有月季博物馆和文化交流中心两座标志性建筑。月季博物馆是国内第一家以月季历史、文化、艺术、品种、栽培等的综合展示为主题的博物馆，整体形态宛如一朵盛开的月季花，新颖独特，炫目美丽，是魏善庄镇的地标性建筑。2016年月季博物馆被国际著名设计网站评为"2016年全球最具影响力的十大博物馆建筑"，2018年园区被世界月季联合会评为"世界月季名园"。

2. 精品民宿

●**搪瓷缸精品民宿** "世界再大，大不过一个院子。"这是对搪瓷缸小院最真实的写照。该民宿地处北京南中轴线上，魏善庄镇最美乡村半壁店。院子共500多米^2，是一个两进的规整四合院，有三个卧室，均使用五星级酒店床品，配套多功能厅和厨房餐厅，免费提供餐具调料和烧烤用具。

3. 风味餐饮

●**白片肉** 白片肉，又称"白煮肉""白肉"，起源于清代。满族人入关后从宫中传到民间。开业于清乾隆六年（1741）的北京砂锅居（原名"和顺居"）200多年来一直出售白片肉，声名远扬。清代的袁枚曾说："此是北人擅长之菜，南人效之终不能佳。"

●**八宝葫芦鸭** 八宝葫芦鸭形似葫芦，色泽枣红，清香咸鲜，鸭肉软烂。

● **开口笑**　开口笑是北京油炸小吃的一种。因其经油炸后上端裂开而得名。开口笑用面粉、饴糖、白糖、鸡蛋、麻仁及油等为原料，每 500 克面用油 200 克。热锅烧油，将粘了芝麻的面剂子放入油锅中炸至开口即成。

4. 乡村购物

● **大兴"玻璃西瓜"：一个"玻璃瓜"即是一个"艺术珍品"**　大兴区玻璃西瓜工艺品荣获全国休闲农业创意精品大赛产品创意金奖。当西瓜还是"婴儿"时，将它塞进一个大的圆形有机玻璃罩内，等西瓜长到和玻璃罩一样大时，灌入特制的保鲜液，再封住罩口。这样西瓜会处于"休眠"状态，不会腐烂，成为可供长期观赏的艺术品。

5. 乡村民俗

● **西瓜节**　西瓜节是大兴区政府主办的以西瓜为主题的经济文化活动，办节宗旨为"以瓜为媒，广交朋友、宣传大兴，发展经济"。每年 5 月 28 日举行。

大兴区西瓜种植以庞各庄地区为中心，庞各庄周边 6 镇所辖的 200 多个村庄均以种植西瓜为业，其中以庞各庄西瓜最为著名。大兴每年西瓜种植面积 8 万亩左右，西瓜年总产量 2.6 亿千克，面积、产量均居京郊各区县之首。长期种植西瓜的历史，形成了大兴独特的西瓜文化。1988 年，由区委、区政府主要领导提议，区人民代表大会形成决议，将每年 6 月 28 日定为西瓜节（2001 年后改为 5 月 28 日）。按照"以文化立形象，以情节聚人气，以展示育商机"的节庆理念，西瓜节期间开展文艺表演、经贸洽谈、观光旅游、商品展销、西甜瓜擂台赛等活动。

● **大兴庞各庄梨花旅游文化节**　庞各庄镇梨花节始于 1993 年春，这里有百年古树以及御封"金把黄"的美丽传说。

庞各庄镇西南部、永定河东岸有上万亩原生态古梨树群，也就是现在的万亩古梨文化园。该梨园保存了上万株、几十种百年古梨树，是华北地区面积最大、品种最多、开花最早的梨园，素有"中国梨乡"之美称。庞各庄镇依托这一资源，每年春天梨花盛开的时节都在这里举办梨花文化节，推出踏青赏花游、果蔬采摘游、乡村风情游、特色美食游、观光体验游等春季旅游活动。同期还会举办武吵子大赛、农民原创文艺节目、梨园大戏台以及摄影、诗会等文化活动。这些精彩的节日活动，既展示了农村自然的春色美，也展示了与众不同的民俗风情，更深刻地挖掘了梨花村当地的文化内涵，推动了旅游的专业化及可持续化发展，带动村民走向新生态下的"梨花新生活"。游客可以在梨花掩映的梨园里，欣赏到"万亩梨园香雪海"的美景，也可以喝梨茶，听大戏，观看民间团体表演，尽情享受梨文化。

6. 旅游线路图

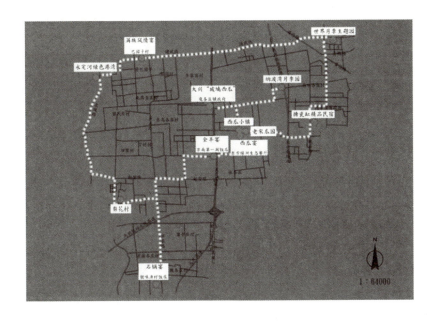

● **创新模式**　特色农产品品牌化运营大兴区"田园休闲游"的成功关键在于抓住了特色农产品的品牌建设，长期以来，大兴区不断强化"西瓜"这一核心地理标志产品的品牌化运营，加强打造众多标志性特色西瓜，在相关农业科研院所的大力支持下，先后培育出"冰激凌西瓜""太空西瓜""方形西瓜"等多个特色品种。

同时，以"西瓜"为核心乡村旅游吸引物，又不断打造相关农业节庆活动，如每年的西瓜节，"评选瓜王"活动等。当地还率先打造中国唯一的"西瓜博物馆"，集科普、艺术创作、商品设计售卖于一体。最终，大兴区成功在京津冀地区打造了"西瓜之乡"的品牌形象。

● **产品类型**　住宿、IP衍生农产品销售、主题体验活动。

● **成功关键**

1. 打造地理标志农产品，建成"西瓜之乡"。

2. 建设西瓜博物馆，设置科普基地，吸引亲子市场；依靠西瓜发展文创产品，依靠旅游购物获得主要收入。

3. 长期进行节庆宣传，不断强化品牌影响力。

二、天津市武清区　乡村休闲农业采摘游

1. 特色景区

● **精品点 1：津溪桃源**　津溪桃源位于天津市武清区汊沽港镇，占地千余亩，是京津冀地区规模最大的桃园之一，同时也是武清区大力发展的"桃文化"特色农业园。园区已形成"一季有花，四季有果"的运营模式。2015 年开园以来，连续成功举办五

届津溪桃花文化旅游节、采摘节，以及两届津溪农民丰收节和两届亲子农耕研学游等大型活动，累计接待游客超过 200 万人次，销售收入超过 2 000 万元。游客可体验桃林漂流、桃林垂钓、水上游船、学生实践教育等活动。

● **精品点 2：和润福德庄园** 该庄园是集绿色、健康、生态、养生、休闲于一体的农庄，以绿色生态种植为经营理念。庄园将进一步提供亲近大自然、体验农村生活的休闲平台，充分利用田园景观、民族风情和乡土文化，在体现自然生态美的基础上，充分运用美学观念和园艺核心技术，开发有乡土特色的农副产品及旅游休闲产品。园内建设蔬菜种植大棚 17 座，建设装配式木屋作为亲子活动体验中心，游客可参加农产品品尝、加工、出租菜地、生态采摘、果树认领等体验活动。

● **精品点 3：一芳田童趣农庄** 公司发展目标是通过项目实施和面积推广，形成"种植＋养殖＋衍生品售卖＋项目运作＋基地体验"新模式，拓展农庄农业生态环保、休闲农业、文化传承等新型功能；园区包括林业区和农业区两个部分，其中林业区以自然观察、自然科普、实践体验等为主，由观察林下散养家禽生活习性、科普林下除草知识、体验果实采摘等功能组合而成；农业区以学农系列、运河课程等为主，包括酵素制作、酵素喷洒、蔬菜种植、蔬菜采摘等。

● **精品点 4：颐正源生态农场** 公司致力于生态农业园建设及技术开发推广与应用，打造集农业园区建设运营、农业观光旅游、农产品综合开发、农村休闲养老于一体的生态农业示范园。颐正源生态农场以名贵中药材铁皮石斛采摘、北方水果采摘为主，主打休闲旅游、周末亲子游、健康游项目。颐正源生态农场统一农、林、牧、渔等要素，建设多层次绿化体系，使农场与周边自然环境相融合，营造野趣田园乡村意境。

● **精品点 5：天民田园** 园区成立于 2010 年，现有土地种植面积 800 亩，年销售额 1 200 万元，是集设施农业、种苗生产服务和产品销售于一体的设施农业产业生产基地。合作社注重技术创新，自主研发了南蔗北种技术、甘蔗套种西瓜、番茄套种苦瓜等多项成果，增加了农民收益，提高了土地在时间上和空间上的利用效率。园区现有基质营养液栽培设备、物联网监控设备、水肥控施设备等，引进新优特蔬菜新品种及实用蔬菜栽培新技术，打造高端蔬菜生产、示范展示、旅游观光、休闲体验等一、二、三产业融合的农业科技园区。

● **精品点 6：昽森家庭农场** 昽森家庭农场于 2014 年 10 月成立，基地总占地面积 365 亩，是国家桃体系天津试验示范基地，主要以国家桃技术产业体系新品种、新技术的试验示范为目的，现有国家级桃试验品种 20 余个，是京津地区重要的桃果生产基地，种植瑞蟠 21、晚蜜、瑞光 39、华玉等晚熟鲜桃优良品种。园区走农业、旅游、科技相结合的农业产业化道路，旨在打造集示范推广、科普培训、试验研发、观光旅游于一体的现代设施农业生态基地，实现经济效益、社会效益和生态效益有机统一。

2. 精品民宿

● **密斯万象酒店式公寓** 位于刘园商圈的密斯万象酒店式公寓周边环境安静，提供亲子房、观影投影房等多种户型。床品齐全，卫生干净，复式设计可以接待多人住宿服务。全套的烹饪设备为自己下厨提供了便利。周边的集贤酒家、鸿运餐厅充满天津特色，平津战役纪念馆也是附近值得一去的景点。距离津溪桃园景区直线距离 17 千米，可经津永公路京津路抵达，交通方便。

3. 风味餐饮

● **东马房豆腐丝**　也叫城关豆腐丝，最早起源于清道光年间，由东马房刘记豆腐丝房开始制作，因常年在城关大集销售，故被人们称为"城关豆腐丝"。多年来，东马房豆腐丝以其考究的工艺和醇香的口味成为人们餐桌上的一道特色食品，深受人们的喜爱。1979年，武清厨师组团参加天津食品街开业典礼，当时东马房豆腐丝随团参展，并有师傅现场表演切丝技巧，顾客不知其为何物，纷纷围观。后经介绍，才得知这就是有名的东马房豆腐丝，品尝后更是赞不绝口。据统计，食品街开业典礼上，东马房豆腐丝销售5 000余千克。

● **天津八大碗**　八大碗往往在宴客之际出现，每桌八个人，桌上八道菜，上菜用清一色的大海碗，看起来爽快，吃起来过瘾，具有浓厚的乡土特色。八大碗的做法有粗细之分，细八大碗指：熘鱼片、烩虾仁、全家福、桂花鱼骨、烩滑鱼、汆肉丝、汆大丸子、松肉等；粗八大碗有：炒青虾仁、烩鸡丝、全炖蛋羹蟹黄、海参丸子、元宝肉、清汤鸡、拆烩鸡、家常烧鲤鱼等。

● **天津坛子肉**　天津坛子肉因使用陶瓷坛烧制而成得名。成品呈枣红色，晶莹透明，油润烂滑，香浓味美，肥而不腻。食前加热，滋味不变，亦可配白菜、面筋、马铃薯等。为冬季时令菜。已有200余年的历史。

4. 乡村购物

● **田水铺青萝卜**　大良镇田水铺村是武清区青萝卜生产专业村，自然条件优越，种植青萝卜等蔬菜的历史悠久。目前，青萝卜的种植已初具规模，成为"一村一品"的典型。2007年底田水铺青萝卜获得国家绿色食品认证。素有"水果萝卜"美称的田水铺青萝卜以其皮光亮、心翠绿、条形好、脆甜可口、营养丰富等特点，越来越受到人们的喜爱。田水铺村也逐渐成为广大市民假日休闲采摘的好去处，吸引了大量市民前去订购采摘，感受乡野乐趣，享受绿色健康生活。

5. 乡村民俗

● **通武廊乡村文化旅游节**　位于京津走廊上的古老村落——武清区河北屯镇李大人庄村通过举办文化旅游节，走上了振兴发展的道路，到 2021 年已经举办两届。游客可以在村史馆参观有年代感的老物件、做手工陶艺作品，也可以在广场上购买运河文创产品、廊坊风筝以及武清特色小吃，尤其是东马坊的豆浆和炸糕，备受赞誉。

6. 旅游线路图

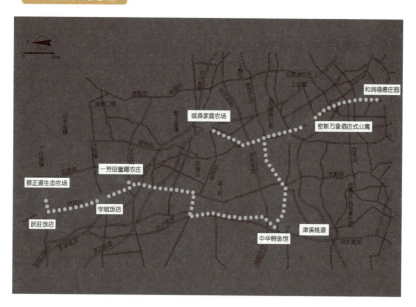

🔍 **案例分析**

● **创新模式**　大力发展现代都市型农业。武清区先后荣获

"全国休闲农业与乡村旅游示范县""全国农业农村信息化示范基地""国家农产品质量安全县"等荣誉称号。该区的乡村旅游主要面向京津冀地区庞大的城市旅游客源市场，依托周边高校资源，以大量的高科技农业技术作为支持，给当地农业产业园和农庄增添了不少科技元素，为发展亲子乡村旅游、教育乡村旅游提供了坚实基础。

● **产品类型**　高科技农业、特色民宿、创意农业活动、农业体验活动。

● **成功关键**

1. 发挥主导产业优势，打造"产加销"全产业链。

2. 实施质量兴农战略，实现质量安全高水平、常态化。

3. 不断推进"互联网＋""旅游＋""生态＋"与农业农村发展的各个领域、各个环节深度融合，利用农村特有的自然禀赋和闲置民房资源，催生出会展农业、创意农业、循环农业、电子商务等产业的新业态。

三、山西省（临汾市）乡宁县　云丘乡村游

1. 特色景区

● **精品点1：大河村**　大河村自然景观独特奇异，相对海拔近千米，境内的云丘山亦被称为昆仑，层峦叠嶂，松柏苍翠，气势磅礴。大河村内有世界罕见的地质奇观（万年冰洞群）、国家级传统古村落（塔尔坡村）。目前塔尔坡村已打造成了民俗文化村，村民在这里不仅向游客展演水席烹饪、蒸花馍、打铁、磨豆腐、刺绣、纺织、扎染等，销售其附属旅游产品，而且还为游客

表演婚俗、皮影戏、花鼓、民歌等传统剧目。2016 年大河村被山西省农业厅、山西省旅游局评为省级休闲农业和乡村旅游示范点，2019 年被评为"中国美丽休闲乡村"。

● **精品点 2：坂儿上村**　坂儿上村位于国家 AAAA 级旅游景区云丘山下。村内风光秀丽，生态环境优越，历史文化底蕴深厚，历史上素有"藐姑射山最秀之峰巅""河汾一带第一名胜地"等美誉。坂儿上村基础设施完善，拥有国家级非物质文化遗产——中和节，还有蒸花馍、打铁器等传统手工艺，以及传统婚俗、农耕等特色文化。神奇的翅果油、神秘的中和节以及道教历史等文化底蕴构成了坂儿上村旅游发展的独特魅力。2016 年被山西省农业厅、山西省旅游局评为省级休闲农业和乡村旅游示范点。2019 年坂儿上村被评为"全省 100 家 AAA 级乡村旅游示范村"。2019 年坂儿上村被评为"全国乡村旅游重点村"。

● **精品点 3：康家坪村**　康家坪村植被茂盛，环境幽静，村落建筑多为清代古建筑，民居多为石碹拱顶的石砌窑洞，还有石墙、砖墙等抬梁结构的瓦厦屋。2018 年康家坪村进行整体设计与改建，打造国内顶级特色民宿。整个民宿隐于山林之中，传统的窑洞外观与纯手工木质材料相结合，目前分别有遂土院、放泥洋楼、康和大院、光明院及雨顺院对外开放，搭配有酒吧、书吧、温泉、咖啡馆以及特色餐厅等配套服务。走进院落，不仅可以感受到浓厚的晋南风情，还可以真正体验到微生活、慢度假的品质旅游。2017 年列入第四批中国传统村落名录，2019 年被评为山西省"黄河人家"。

● **精品点 4：下川村**　下川村所在的吕梁山脉生态环境优越，自然景观独特奇异，历史文化底蕴深厚，自古就是兵家的必争之地，同时也是商旅往来重要的交通要道。村内历史建筑众多，能较完整地反映明清时期民俗文化和地域特色，具有较高的历史、艺术、科学、社会文化价值。

● **精品点 5：东沟村**　东沟村的安汾古村位于云丘山北侧，村域面积 250 公顷，是一座古村落。根据《乡宁县志》记载，安汾村是唐代吕香古县城遗址，是马匹峪古道的一个驿站型县城。安汾古村内现存有唐代城门、夯土城墙、泊池、经幢、县衙、监狱、民居院落等多处遗址。游客可观赏社火表演、体验民宿以及游览唐代古县城、多宝灵岩禅寺、摩崖石刻等遗迹。

2. 精品民宿

● **云丘山康家坪古村迎宾客栈** 康家坪民宿坐落于云丘山景区康家坪村的青山绿水、云山雾海之中，这里是晋南根祖旅游核心景区、中华农耕文明发源地之一。民宿以窑洞为特色，在这里可感受最质朴的晋南民居，体验地道的山西民俗。

民宿拥有 18 个独立的大院，每个大院有 2、3 个房间，且各具特色。有双层的土屋，充满童趣和回忆，现代化的八宝楼、吉祥楼，精致设计的五行房等，客房内设施齐全，部分家具就地取材，利用泥土、稻草、石料等纯手工打造，舒适温馨。

3. 风味餐饮

● **乡宁油糕** 农历四月初八，是乡宁县城的"结义庙古会"，又名"油糕会"。庙会期间，油糕摊多达三五十家，国营、集体均有，赶会者以饱吃油糕为乐趣。乡间一些年纪大或患病在家的人，不能到县城赶会，也要托人买几包油糕，在家享其乐。乡宁油糕用料考究，制作方法独特，是当地风味小吃之一。它以香甜酥脆闻名省内外，深受广大群众的喜爱。

4. 乡村购物

● **乡宁长山药** 山药是一种美味又营养的食材，乡宁的山药肉质洁白、口感细腻、营养丰富，深受消费者青睐。

● **乡宁板栗** 产于乡宁的板栗，颗粒饱满，肉质肥厚，生吃甘甜清脆，熟吃绵甜清香。营养丰富，可以提高免疫力，可预防心脑血管疾病等，是一款不错的特产。

● **乡宁油糕** 油糕表皮金黄、酥脆可口，馅料柔软香甜，非常美味。不仅可以当作特产礼品，也可作为餐后的甜食，鲜香可口，精致漂亮。

● **乡宁花椒** 花椒在乡宁种植历史悠久，这里环境优越，种植的花椒颗粒大、颜色纯正、麻香味十足、品质上乘。花椒具有杀毒杀菌、驱寒止痛的效果。

5. 乡村民俗

云丘山历史悠久，文化深厚，是华夏文明发源地之一，道民共生的乡土文化在这里世代相传。中和节是唐德宗李适在贞元五年（789）钦定，距今已有 1 000 余年。伴随着时代的变迁，中和节在全国其他地方逐渐消失，唯有云丘山延续传承。2011年，云丘山"中和节"被列入国家级非物质文化遗产名录。中和文化旅游节以"云丘福地，如愿中和"为主题，通过收藏、保护、展示"中和文化活化石"这一独具魅力的民族文化品牌，不断传承和弘扬云丘山深厚的民俗文化，充分展现云丘山的秀美山川和历史底蕴，进一步提高云丘山的知名度和影响力。

云丘山中和节习俗以祭山拜神、祈求化生繁衍、祈求五谷丰登和人与自然的和谐为主要内容，并不断与"二月二"的相关习俗相融合，现在的中和节已演变成从农历二月初一开山门至农历三月初一关山门长达一个月的节会，节会期间的农历二月十五为中和节"正日"。

6. 旅游线路图

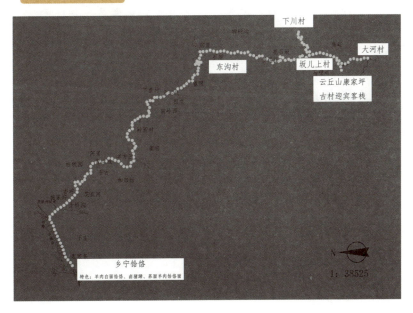

案例分析

● **创新模式**　依托特色旅游景区，建设美丽乡村。云丘山景区发展旅游业，给当地发展带来了人流、物流、信息流，也给农民群众发展旅游产业、实现致富增收带来了机遇。以周边的云丘山为依托，对村内进行美化、绿化、亮化，打造特色美丽乡村。以交通环境、乡村环境、饮水环境为主，改善旅游基础设施；以建设宾馆酒店、购物场所、医疗卫生、游乐设施为主，完善服务功能。坚持用创意丰富旅游休闲的内涵，通过乡村旅游，发展民办旅游，先后引进玻璃桥、蹦极、空中飞人、滑索、滑翔翼等新型旅游项目，有力地推动了云丘山景区的建设。

同时，当地乡村旅游结合现代消费需求发展，乡村民宿设计具有现代感，并搭配有酒吧、书吧、温泉、咖啡馆以及特色餐厅等配套服务。

● **产品类型**　特色民宿、民俗文化、文创商品。

● **成功关键**

1. 丰富旅游业态，积极动员村民参与旅游业态建设。

2. 完善服务功能，打造宜居、宜业、宜游的乡村环境。

3. 坚持发展创新，吸引优质项目，全面展示美丽乡村建设的成果，推广云丘特色产品与文化。

四、吉林省（延边朝鲜族自治州）安图县、珲春市朝鲜族民俗文化游

1. 特色景区

● **精品点 1：松花村**　一年一度的松花村农耕文化旅游节，

以"聚焦农耕，品味民俗"为主题，重点突出旅游宣传、民俗展示等内容，挖掘和宣传安图县的朝鲜族传统文化、乡村文化，丰富全县文化生活。民俗文化旅游节中朝鲜族民俗特色突出，例如制作辣白菜、打糕。每到喜庆的日子，村里都会采用"杀喜猪"的方式来庆祝。农耕时节，家家户户都会在自家田地里，品味收获的喜悦。他们在田间地头，唱起欢快的朝鲜族民歌、跳起民族特色舞蹈、吹起美妙的洞箫，在无尽的欢乐中忘却劳累、忘却烦恼。

● **精品点 2：防川村**　防川村位于国家 AAAA 级旅游景区防川风景名胜区内，是中、朝、俄三国交界处的朝鲜族村落，滨江临海，依山傍水，自古就有"雁鸣闻三国，虎啸震三疆"之称。独特的地理环境、因地制宜的发展思路，使防川村旅游事业取得了长足发展，边境游、历史文化游、山水风光游备受游客青睐。近年来，防川村以生态为核心、规划为龙头、产业发展为支撑，加快农村经济和社会各项事业发展，大力发展旅游业，努力把防川村建设成为村美、户富、服务功能强的社会主义新农村。先后获得"中国美丽休闲乡村""中国少数民族特色村寨""吉林省美丽乡村"等荣誉。

2. 精品民宿

● **长白山静雅小墅**　静雅小墅，周边保留大片稻田，还原东北

延边乡土文化，集艺术民宿和休闲餐饮于一体。小墅由台湾设计师设计，四个院落提供四种风格迥异的住宿体验，各个房间都很舒适。可以体验驾越野车穿越丛林、吃地道东北菜、捕鱼、采挖人参的乐趣。

3. 风味餐饮

- **延边辣白菜**　辣白菜作为吉林省一种著名的风味小菜，它比一般的泡菜或咸菜营养更丰富，可保存蔬菜的多种维生素。北方冬季漫长，蔬菜不易储存，腌制辣白菜可以冬藏、食用，两全其美。

- **朝鲜冷面**　朝鲜冷面的特色：颜色鲜艳，面条筋道滑爽，汤味清香可口。

4. 乡村购物

- **延边打糕**　打糕是朝鲜族的风味面食，是在农历三月用作祭祀的食物，用料有糯米、豆沙、熟豆面以及糖和盐，它由木槌打制而成，吃起来非常筋道。

- **延边黑木耳**　延边黑木耳是延边的特产，是木耳之上品。延边地理环境优越，这里的黑木耳无论是营养价值还是口感都很好。

- **延边黄牛肉**　延边黄牛肉是中国国家地理标志产品，延边黄牛具有优良的产肉性能，独特的风味可以与日本的和牛、韩国的韩牛相媲美，肉质鲜嫩多汁。

5. 乡村民俗

安图县新屯村会举办"欣欣向荣·非遗文化节"暨"朝鲜族农耕节"民俗文化活动。包括朝鲜族踩地神表演、朝鲜族拔草龙表演、朝鲜族烧月宅表演、朝鲜族民俗游戏体验活动，开展插秧表演、朝鲜族传统饮食展销等活动内容。

6. 旅游线路图

安图县新屯村
"欣欣向荣·非遗文化节"暨"朝鲜族农耕节"民俗文化活动

朝鲜族韩钰饭店
特色：牛肚、辣炒筋皮、辣白菜土豆片

松花村

长白山静雅小墅

韩香园饭店
特色：牛肉汤、干炸小鱼、家常凉菜

防川村

🔍 **案例分析**

● **创新模式** 民俗风情，边境文化。当地以长白山自然风光、民族风情、边贸旅游活动为重点，有自然与文化观光、历史文化、民俗文化、避暑度假和健身休闲、科普教育和特种旅游等多种产品。形成朝鲜族文化、民俗休闲与都市圈旅游协作区，重点建设品牌型朝鲜族风情——朝鲜族文化旅游区，并进行动感型、水韵型、建筑型、社区乡村型朝鲜族风情旅游的转向开发，开展民俗节庆活动，形成延边民俗文化旅游产品线路。

● **产品类型** 民族文化风情、特色农业、民族风俗体验活动、边境文化旅游。

五、上海市奉贤区　穿梭古今，寻梦心中桃源

1. 特色景区

● **精品点 1：陶宅村**　陶宅村是农业大村，保有耕地 4 486 亩，以种植水稻、花卉、苗木、水果、蔬菜等为主，获得"奉贤区美丽乡村示范村"、第十批全国"一村一品"示范村等荣誉称号。作为青溪文化的发源地，陶宅村不仅留下了古时青溪的遗迹，也留下了青溪文化的原始韵味。人们可以从陶溪八景的绘画中找到青溪故人听黄昏楼上鼓、隔溪渔火对渔歌的悠然韵味。张弼、姚蒙、黄之隽等名人旧迹、古事重现了当初的繁华岁月。

● **精品点 2：李窑村**　李窑村是全国文明村镇，村域面积 3.18 千米^2。李窑村持续推进美丽乡村建设，升级基础设施、治理生态环境、改善村容风貌、振兴乡村产业、抓实村级治理、传承乡村文化、建立长效管理，打造水清岸绿、鸟语花香的"李窑意象"。村庄建设了集循环农业、创意农业、农事体验于一体的田园综合体，发展"农业＋旅游＋文化＋电商平台＋民宿"融为一体的特色产业链，让农民充分参与和受益，塑造了"宜居、宜业、宜乐、宜游"的美丽乡村。

● **精品点 3：青溪老街**　作为青村港历史文化风貌区内的重要部分，青村老街傍河依水，是奉贤区历史文化风貌保存较为完好的古迹之一，至今遗韵犹存。青村老街全长逾 1.3 千米，由东街、中街、西街和南街连贯而成，街宽 3～4 米。主要街巷皆与河流走向保持平行，次要巷弄多与河流垂直，而河街之间的相邻关系又可分为单侧有街、双侧有街和夹水而居三种类型，形成了布局灵活、空间丰富的景观特点。老街传承并突显了传统江南水乡老街与河流的格局及风貌，具有一定的历史文化研究价值。

● **精品点 4：中版书房**　中版书房选址在青村镇宝华帝华广场，占地面积 537 米²，是传统纸质书籍及跨媒体出版物的复合型、时尚化的新型阅读空间。店内布局清晰，包含阅读区、文创体验区、休闲区、文化沙龙区、亲子阅读空间等，通过提供文创、阅读分享活动、亲子互动等文化服务，以"阅读＋文创＋文化服务"的形式，积极探索"出版＋"产业模式，为"东方美谷、全域之美"和南上海文化创意产业集聚区建设注入鲜活动能。

● **精品点 5：光阴采摘园**　光阴采摘园位于奉贤花角村，占地面积 55 亩左右，园内分为光阴体验区、会员菜地、共享菜地、稻田区四个部分。园区坚持绿色有机的种植理念，为游客提供采摘、垂钓、农耕、小动物喂养等体验，是亲子互动、单位团建的好去处。另外园内还提供会员私家菜地、集体共享菜地认领等配套服务。游客在体验农事乐趣的同时，可以在大片农田中放松心灵、陶冶心境。

● **精品点 6：吴房村**　吴房村古称吴南房，2018 年被列为上海市首批乡村振兴示范村、"中国美丽休闲乡村"，吴房村美丽乡村建设是青村镇在全力实施乡村振兴战略中的创新探索。村庄充分利用江南水乡的自然生态禀赋，注重创新与传承相结合，以海派"三分灰七分白"的粉墙黛瓦为建筑特色，着力改善乡村生态环境；以黄桃特色产业为支撑，着力推动"黄桃＋文创＋旅游"农商文旅多产业、多要素发展，有效促进一、二、三产深度融合；通过村民农宅流转，以"租金＋股金＋薪金"的多元化增收方式，让农民持续稳定有收入。每到三月，吴房村桃花盛开，十里桃花齐齐怒放，绚丽无比。

2. 精品民宿

● **上海陌上心宿**　陌上心宿以养生为核心，房间设计以新中式风格为主基调，大气尊贵的同时也不失温馨。陌上心宿以福鼎白茶为特色，在教会客人识茶、品茶的同时，也希望客人能了解茶文化的悠久历史，品茶、品人生。

3. 风味餐饮

● **牡蛎蒸米饭**　牡蛎蒸米饭鲜香可口，营养丰富。牡蛎被称为"海的牛奶"，100 克的生牡蛎中含有成年人一天所需动物性蛋白质的 1/2，并含有丰富的钙、铁、碘等无机物。

● **油氽排骨年糕**　排骨年糕既有排骨的浓香，又有年糕的软糯酥脆，十分可口。是上海一种经济实惠、独具风味的小吃，已有 50 多年的历史。上海有两家著名的排骨年糕："小常州"和"鲜得来"。

4. 乡村购物

奉贤黄桃　据记载，20 世纪 20 年代，奉贤的青村、望海、三官、钱桥、泰日、滨海等乡镇开始种植黄肉桃种，总计种植面积百余亩。20 世纪 60 年代，上海市农业科学院园艺研究所的科技人员，对奉贤黄桃进行了品种改良，此后，优质奉贤黄桃品种在奉贤区大面积种植推广，产品具有甜、大、圆、黄、香等特色，获得了消费者的广泛认同。

明鳗鲡　鳗鲡，又名青鳝、凤鳝、河鳝，是名贵淡水鱼之一。鳗鲡的烹饪方法，既可清蒸，又可红烧。因它富含维生素 A，肉味鲜美可口，被誉为"水中人参"，是筵席上的上等佳肴。

5. 乡村民俗

● **青村镇乡村文化旅游节**　节庆内容包括："跟着古韵游青村"沉浸式越剧体验活动、"跟着赛事游吴房"动感吴房主题活动、"跟着非遗游吴房"非遗展演主题活动等，在活动现场可以感受青村镇的古风古韵，品味当地特产。

6. 旅游线路图

● **创新模式**　打造具有"海派文化"特色的田园综合体。田园综合体是集现代农业、休闲旅游、田园社区为一体的乡村综合发展模式，目的是通过旅游助力农业发展、促进三产融合，是一种可持续性发展模式。

奉贤区乡村旅游资源丰富，是上海市的后花园，具有发展高水平乡村旅游产业的基础。当地以美丽乡村建设为基础，"因地制宜"打造体现乡村生态、生产、生活特色，融住宿、餐饮、农副产品展销等于一体，建设特色乡村民宿。

同时，根据当地丰富的历史文化和海派文化，通过"分级、分类、分阶段、分主题"开发，在空间上合理布局，循序渐进地打造一批以"海派江南""奉贤风情""海湾生态"为特色的奉贤乡村旅游精品，建设一批民宿集聚发展示范点和示范村，建设成为"留得住乡愁、看得见发展"的上海市民休闲游乐的好去处。

● **产品类型**　海派文化、特色农业、文化创意街区。

● **成功关键**

1. 在核心大城市周边，大力推动乡村旅游转型升级，满足消费升级需求。

2. 开发可利用的乡村民宿资源，盘活乡村闲置资源。

3. 逐步发掘条件完善、发展潜力较大的存量资源，打造个性鲜明的精品示范区。

六、江西省（上饶市）婺源县　古村落生态民俗游

1. 特色景区

● **精品点 1：篁岭民俗文化村**　篁岭景区位于婺源县东部，是

著名的"晒秋"文化起源地，也是一座有 600 多年历史的徽州古村。受徽州文化和地形的影响，数百栋徽派民居在山坡上错落排布，形成一个"挂在山崖上的村庄"。篁岭的油菜花梯田，也被网友们称为"全球十大最美梯田"之一，阳春三月，漫山遍野的万亩油菜花海搭配独具特色的徽州民居，每年都会吸引近百万游客来这里踏春赏花。篁岭"地无三尺平"的奇特地形造就了世界独一无二的"晒秋"民俗景观，独特的晒秋景观成功入选"最美中国符号"，篁岭古村被网友誉为"世界最美村庄"。

● **精品点 2：江湾古镇**　古镇位于婺源东部，距县城 28 千米，地处三山环抱的河谷地带，是国家 AAAAA 级旅游区。这里山水环绕，风光旖旎，物产丰富，文风鼎盛。绿茶、雪梨久负盛名。古镇名人辈出，传世著作 92 部，其中 15 部 161 卷被收入《四库全书》，是婺源"书乡"代表。古镇至今保存着三省堂、敦崇堂、培心堂等一大批徽派古建筑，充分展示婺源的徽州文化特色；百工坊、鼓吹堂、公社食堂等景点能让游客体验旧时手工艺匠人的传统技艺，观赏徽剧、婺源民歌等传统剧目。

● **精品点 3：李坑村**　李坑村是一个李姓聚居的古村落，自古文风鼎盛、人才辈出，最为有名的当属南宋乾道三年（1167）的武状元李知诚。村中明清古建筑遍布，民居宅院沿溪而建，依山而立、粉墙黛瓦、参差错落；村内街巷溪水贯通、九曲十弯；青石板道纵横交错，数十座石、木、砖各种古桥连通两岸，更有两涧清流、柳碣飞琼、双桥叠锁、焦泉浸月、道院钟鸣、仙桥毓秀等景点，构筑了一幅小桥、流水、人家的美丽画卷。

● **精品点 4：水墨上河**　因古代进上河村必须过河，故称上河村。"古树高低屋，斜阳远近山，林梢烟似带，村外水如环"是水墨上河景区的真实写照。水墨上河景区分成观光游览区、文化展示区、度假养生区三个区域，是一个集旅游观光、文化展示、休闲度假及会议会展于一体的综合性旅游景区，也是婺源旅游由传统自然生态和乡村观光游向休闲度假游、深度体验游转型升级的文旅型样板景区。景区内配有滨湖木屋、古宅民宿、艺术酒店等特色住宿设施，以及康体馆、茶馆、酒肆、咖啡馆等休闲场所，为游客提供美好的休闲度假体验。

● **精品点 5：梦里老家**　梦里老家位于婺源县城南 5 千米处，占地 1 300 余亩。景区三面环水，生态资源丰富，由大型山水实景演出舞台、演艺小镇、度假小镇、健康小镇四个部分组成，是婺源文化之旅的理想目的地。

2. 精品民宿

● **婺源枫丹白露松风翠庄园酒店**　酒店在婺源旅游线路的东线，交通便利。毗邻江湾千年古镇，距离江湾景区有两分钟车程，距离晒秋人家篁岭景区 6.7 千米。在古色古香的九和楼，可享用有机农业基地生产的有机食品。婺源属于古徽州府一府六县之一，其饮食文化承袭传统徽菜，以粉蒸、清蒸为主。在松风翠，可以体验真正的婺源味道。民宿提供多种休闲养生活动：品茶、垂钓、书法，棋类等。还有当地特色美食制作、徽剧表演等活动，同时为孩子们提供室外蹦床。

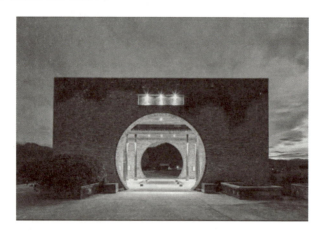

3. 风味餐饮

● **婺源汽糕**　婺源的汽糕别具特色，表面油亮透光，中间布满蜂窝状的气孔。配上浓香的佐料，品尝过后，淡淡的一丝醇香留存于舌尖，令人回味无穷。

● **粉蒸菜**　粉蒸菜是婺源人最爱吃的一种菜，无论肉类或园蔬都用生米粉蒸，如蒸鸡、蒸鱼、蒸肉、蒸猪脚、蒸苋菜、蒸豆角、蒸茄子、蒸芋头、蒸南瓜等。有时还用板栗、芋头、萝卜、冬笋等与猪肉混合蒸，称为蒸杂碎。

4. 乡村购物

● **荷包红鲤鱼**　荷包红鲤鱼产于婺源，色泽金红，头小尾短，背高体宽，腹厚肥大，状似荷包，故称荷包红鲤鱼，是中国著名优良鱼种，具有和脾、滋肝、补心的功能。

● **婺源绿茶**　婺源绿茶简称"婺绿"，婺源县山清水秀，土壤肥沃，气候温和，雨量充沛，终年云雾缭绕，适合栽培茶树。这里"绿丛遍山野，户户有香茶"，是中国著名的绿茶产区。

● **婺源清明果**　清明时节，在江西婺源随便走进哪个村，哪户人家，都可以看到一种颜色青绿、气味清香的特色小吃，看起来有点像中山的粉果。这种点心叫作清明果，制作时最开心的是孩子，他们围着大人们转，玩累了吃一两个。清明果的主要原料野艾在清明时节长势最旺，也最易采得，因此得名。

● **江湾雪梨**　江湾雪梨因产自婺源江湾而得名。此种雪梨体大肉厚，皮薄核小，汁纯味美，松脆香甜。江湾雪梨品种有"六月雪""西降坞""白梨""苏梨""马铃梨"等，其中"西降坞"为最佳。

5. 乡村民俗

● **婺源中国乡村文化旅游节**　旅游节在每年的 11 月中下旬至 12 月初举办，旅游节期间将带有浓郁地方特色的板龙灯、抬阁、豆腐架、地戏、灯彩等灿烂夺目的地方民俗文化搬上舞台，还邀请全国各地知名民间艺术表演团体参与，合力打造丰富多彩的文化盛宴。

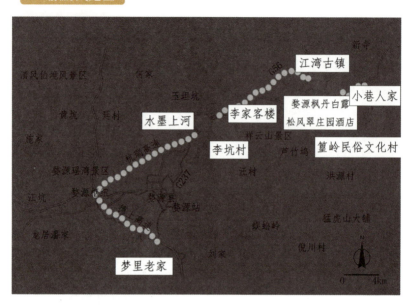

新寺

清风仙境风景区　　　　何家

江湾古镇

玉坦坑　　　　　　　　　　　　　　　　婺源枫丹白露　　小巷人家

黄坑　　　狂村　　　　李家客楼　　　松风翠庄园酒店

水墨上河

施家

　　　　　　　　　　　祥云山景区　　　篁岭民俗文化村

婺源瑶湾景区　　　　　李坑村　　　芦竹坞

江坑　　婺源枢纽　　　　　　　　汪村　　　　洪源村

　　　　　　　婺源县　　婺源站

龙居潘家

　　　　　　　　　　　　　　　　　蛟蛤岭　　　　猛虎山大铺

　　　　　　　　　　　　刘家　　　　　　倪川村

梦里老家

0　　4km

案例分析

● **创新模式**　发展古村观光打造全域旅游品牌。以花为媒，推进农旅融合，婺源立足旅游、生态、文化优势，加快农业结构调整，促进农业发展升级，实现休闲农业和乡村旅游融合发展。同时婺源围绕茶产业发展规划，以茶园采制体验、山野游览健身、登山观光眺望为主题，建设婺源绿茶产业园和生态茶园等观光休闲旅游区。

　　婺源县设立古建筑维护专项基金，建立古建筑保护认领机制，将古建筑改造成古宅民宿。通过改色调、改符号、改风格，做到保徽、建徽、改徽相结合，切实将婺源打造为徽派建筑的大观园。同时，婺源探索出古村落、古民居、古建筑保护的"四种模式"，即整村搬迁、多业态融合的"篁岭模式"，民宿聚集的"延村模式"，乡村治理的"汪口模式"，休闲度假的"李坑模式"。

● **产品类型** 特色民俗、民俗文化、古镇文化、文化创意。

● **成功关键**

1. 以花为媒，推进农旅融合。

2. 茶旅融合，丰富现代休闲农业业态。

3. 全域规划，探索乡村振兴发展新路径，保护徽文化，延续古村"活态"。

七、 江苏省（扬州市）仪征市 踏青世园休闲之旅

1. 特色景区

● **精品点 1：世界园艺博览会** 2021 年世界园艺博览会在仪征市枣林湾举办，是由国家林业和草原局、中国花卉协会、江苏省人民政府共同主办，扬州市人民政府承办的世界园艺界的盛会。世界园艺博览会选址在枣林湖东侧、铜山南边的湿地中，既借势导入真山真水，也顺势理土浚水，浓缩吴风汉韵，微塑江河湖海。这届世界园艺博览会以"绿色城市，健康生活"为主题，共设置世界和国内城市展园 40 个。国内展区按不同地理、民俗、经济特色，分设智花园、合花园、融花园、旗花园、台花园和润花园；国外展区设立了木刻花园、方块花园、积木花园、岩石花园、木舟花园、橡胶花园。

● **精品点 2：江扬天乐湖生态园** 江扬天乐湖生态园是由仪征江扬生态农业有限公司于 2009 年投资建设的生态休闲度假园区，占地 3 000 亩，位于仪征市山水之乡月塘镇。园区建设之初便一直从事有机农业生产，已经建成江扬有机粮蔬基地、江扬有机茶果基地、江扬有机水产基地三大有机基地。自 2012 年开始，

园区在发展有机农业生产的同时，逐步向休闲观光农业领域拓展，先后建成生态水上餐厅、特种养殖场、生态温泉、生态欢乐谷游乐场、有机水果采摘园、特色豆腐坊、面点坊等一系列休闲体验项目。

● **精品点3：捺山那园**　捺山那园位于扬州西郊捺山坡谷间，是一座集原生态农耕生产、传统农村生活及现代休闲观光园艺、新型文化创意活动于一体的农庄。园区占地300多亩，其中有机茶园120亩，鱼塘70亩，桃园梨园30亩，菜园10亩，大乔木林50亩，民宿餐饮休闲服务设施20亩。经过多年努力，捺山那园被评为国家四星级休闲观光农业示范基地、江苏省四星级乡村旅游区、江苏省百家创意农园、扬州市休闲观光农业龙头企业。

● **精品点4：润德菲尔庄园**　庄园位于仪征市新集镇庙山村，面积约1 100亩，依山而建，是集创意农园、乡村旅游度假、美食、品位文化、农事体验、田园风光于一体的综合性农业生态园。经过多年发展，目前是全国五星级休闲旅游农业精品企业、江苏省主题创意农园、扬州市休闲观光农业龙头企业。庄园依托水晶梨果园的创建和开发，农产品链丰富，包括润菲水晶梨、润菲葡萄（8个品种以上）、润菲玫瑰红油桃、润菲山羊等。园区针对不同群体开发亲子、科普、养生、养老等多种消费项目，每年举办多次文化活动和展览，春季有"花海诗会"，仲夏有诗歌、散文、摄影大赛等，满足游客参与体验农事和品尝购买等需求。

2. 精品民宿

● **枣林湾丽朗精选酒店**　酒店位于扬州枣林湾风景区内，距离扬州枣林湾园博园约600米，毗邻2021扬州世界园艺博览会会址，拥三山五湖等风光，纵览阡陌碧田，林木葱茏，飞鸟翔集，花香宜人。酒店内拥有30余间精致客房，酒店以有机农场、地道淮扬菜为特色。

3. 风味餐饮

● **十二圩五香茶干**　十二圩五香茶干是江苏省扬州市仪征市的特产。十二圩五香茶干口味鲜美，咸、香、甜适中，粗咬鲜美异常，细嚼香味满口，食后回味绵绵，有开胃奇效，尽食欲之能，久食不厌。

● **洲八样**　仪征为滨江城市，沿江土壤独特，物产丰富，盛产野菜，有"洲八样"之说，包括芦蒿、芦笋、马兰头、洲芹菜、鲢鱼苔、野荻白、柴菌、地藕等。

● **扒烧猪头**　色泽红亮，香气浓郁，入口即化。

● **大仪风鹅**　仪征市赵刚风鹅厂在传统腌制咸鹅的基础上，吸收我国传统食文化的精华，广采百家之长，创制出"大仪风鹅"这一色香味俱佳、极具地方特点的特色产品，受到广大消费者的喜爱和认可。

4. 乡村购物

● **仪征绿杨春茶**　仪征绿杨春茶是江苏省扬州市仪征市的特产。绿杨春茶特征：形如新柳（叶），翠绿秀气，香气高雅，汤色清明，滋味鲜醇，叶底嫩匀。

● **大仪风鹅**　大仪风鹅是江苏省扬州市仪征市大仪镇的特产。

"大仪风鹅"色、香味俱全，肥而不腻，酥嫩可口，产品销往扬州、南京、安徽、上海及北京等城市。

● **仪征紫菜** 仪征紫菜是江苏省扬州市仪征市的特产。仪征紫菜，色紫，脆嫩，微有甜感。

● **三六盐水鹅** 腌制期短，加工不受季节限制，一年四季均可生产，仪征市三六盐水鹅更具有鲜嫩爽口、肥而不腻、味道清香、风味独特等特点，受到广大市内外消费者的欢迎。

5. 乡村民俗

● **中国芍药节** 仪征以出产名品芍药而闻名，素有"四月洛阳看牡丹，五月仪征赏芍药"的美名。扬州芍药园是目前全国单体面积最大的芍药种植基地，占地1 600多亩，品种100多个，被誉为"中华芍药第一园"。中国芍药节，已成为广大游客和市民朋友的赏花盛会、旅游盛会，也成为仪征独特的城市品牌与名片。

6. 旅游线路图

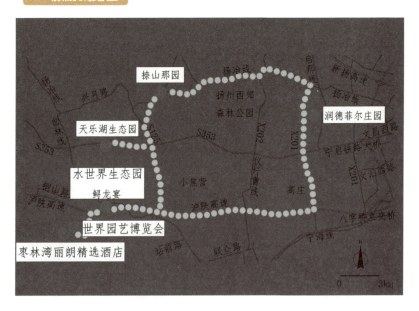

● **创新模式** 展开绿色画卷，打造特色生态旅游。以世博园为依托，以"绿色、生态"的观念构建复合型旅游产品，逐步形成旅游产业群，最终形成一个集观光区、休闲区、娱乐体验区为一体的多功能休闲旅游区。

充分利用当地民俗资源，配套相关的城市文化与餐饮等方面的习俗，在世博园花卉园艺等基础上，扩大世博园区域，将旅游观光花卉、林业、农业等结合起来，形成集聚效应，打造农林园艺产业链。引入音乐节、灯会等文化产业，打造有地方特色的文化产业链。

● **产品类型** 生态园艺、娱乐休闲。
● **成功关键**
1. 明确战略定位，做好整体规划。
2. 找准自身特点，发展独特的旅游模式。
3. 引入人文元素，放大城市文化旅游功能。

八、云南省（保山市）腾冲市 腾冲花海漫游

1. 特色景区

● **精品点 1：腾冲高黎贡油菜花海** 界头镇是腾冲市主要油菜产区，四面青山环抱，自然环境优美，是美丽的"花海盆地"。冬春时节，高处是高黎贡山的皑皑白雪，低处是满田金黄色的油菜花，夏季又有绿油油的万顷禾苗，秋季随处可见金黄的稻浪，一年四季田园风光美不胜收。界头万亩油菜花景观被评为全国最美田园风光，界头镇被评选为全国休闲农业与乡村旅游示范点，每年 2 月举办"花海节""乡村音乐节"和乡村美食展销活动，吸引

了大批游客探高黎贡山、赏万亩花海、泡生态温泉、品农家菜肴。

●**精品点 2：和睦茶花村**　和睦村红花油茶的种植历史已有800多年，是"中国红花油茶发源地"，具有"中国红花油茶第一村"的美名，被誉为"红花油茶之乡"。红花油茶花期长，每年11月至翌年4月，鲜红的花朵都会绽放在枝头，成为不可多得的美景，不少外地游客慕名前来观花。茶油具有很高的营养价值和药用价值，色香味美，具有"东方橄榄油"之美称。赏花品油、体验茶油土法压榨与现代工艺、体验民居是特色乡村旅游项目。

●**精品点 3：高黎贡山茶博园**　高黎贡山茶博园，位于腾冲机场旁，占地1 078亩。游客可在园区里体验种茶、采茶、制茶、品茶，还可以了解现代茶叶加工工艺，在茶海观光，品尝茶餐，了解中国茶文化发展，感受茶的艺术和魅力，体验乡土文化，同时通过中医理疗、养生食疗、禅修等，达到恢复身体健康的目的。在此可感受特色茶文化、千亩生态观光茶园，可了解乡村民俗、农耕文化，品美食、泡温泉。

2. 精品民宿

●**花筑奢·和顺古镇吾悦温泉民宿**　该民宿位于和顺古镇水碓村上二社，近野鸭湖、陷河湿地、艾思奇故居，出游便利。远离城市喧嚣又不乏精致，风格以巴厘岛风情为主，涵盖度假、温泉、会议、影吧、酒窖、泳池等多种功能。

●**腾冲东山92号温泉别院**　位于东山社区高黎贡小区长桥郡，背靠美丽的高黎贡山，俯瞰翡翠般的欢乐湖，神秘的温泉疗养，给游客带来从未有过的体验与感受。

3. 风味餐饮

●**坛子鸡**　坛子鸡源于明末，兴于清初，是由独特的瓷坛（或特制砂锅）焖制工艺、独家的药物配方再融合腾冲当地原材料制作而成的一朵饮食奇葩。色泽金黄玉润，晶亮养眼，颜色纯正持久，不闷不腻，入口细品，皮脆肉嫩骨酥，满口溢香。还因有活血舒筋，清肺、健胃之功效，尤为适合老人和小孩。

● **大救驾**　"大救驾"是云南省腾冲的名特小食。选用优质大米做成饵块，切成片，再配上鲜肉、火腿、鸡蛋、冬菇、泡辣椒等烹炒，软、香、爽口。传说明末永历帝朱由榔被吴三桂驱逐，逃到腾冲，又饥又累，村民奉上当地的美味食品炒饵块，永历帝吃后赞不绝口，称救了联的大驾！"大救驾"便由此而得名。

4. 乡村购物

● **腾冲红花油茶**　该产品远销日本、东南亚等地区。腾冲红花油茶油是地理标志保护产品。腾冲红花油茶品种独特，茶果产量高，种仁含油量和干籽出油率高，盛果期单株产量高达100千克以上。用腾冲红花油茶籽加工的腾冲红花油茶油澄清透明、耐储藏、易消化，且富含维生素 E、山茶苷、油酸和亚麻酸。

● **腾冲饵丝**　腾冲饵丝由洞山乡胡家湾村人发明。采用当地特产浆米加工制作而成，已有近400年的历史，是腾冲本地和外来客人喜爱的方便小吃。腾冲人将大米精加工为饵丝、饵块，已至少有几百年历史。寻根溯源，腾冲饵丝、饵块以城东近郊胡家湾所产最出名。精心制作，择料极严，工艺亦十分考究，其突出特点是柔软而有筋骨，久煮不烩，稍烫即可食，口感细糯。

5. 乡村民俗

● **腾冲火山热海文化旅游节**　该节于每年10月1日在云南保山市举行，一般4～8天。在旅游节期间，能欣赏富有史诗感的开幕式文艺演出，还可欣赏民族民间文艺展演，内容丰富多彩，其中包括高黎贡山部落的上刀山下火海、傈僳三弦舞、腾越古韵表演和玉雕作品展等。此外还有舞狮、女子洞经、傈僳族演唱、茶艺等民间民俗表演，人们可尽情享受腾越文化大餐。

6. 旅游线路图

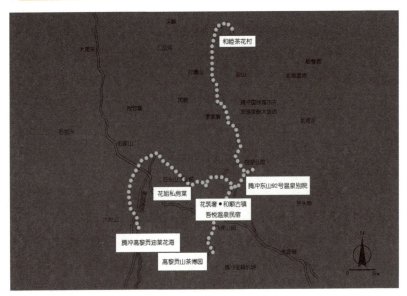

和睦茶花村

腾冲东山92号温泉别院

花姐私房菜

花筑馨•和顺古镇
吾悦温泉民宿

腾冲高黎贡油菜花海

高黎贡山茶博园

案例分析

●**创新模式** 用优质的"茶、花"文化助力特色旅游。腾冲采用生态良性循环的生态模式建设基地，生态茶叶基地坚持遵循高起点、高标准原则，实行优良品种改良，建成集品种展示、观光、采摘体验于一体的绿色生态基地，为茶旅融合发展奠定了坚实基础。

坚持融合、共生、共享的理念，充分利用优势资源大力推进休闲、体验康养、旅居产业的发展，使腾冲成为全域旅游的一张靓丽名片。

●**产品类型** 创意农业、特色民宿。

●**成功关键**

1. 特色农产品，形成以"茶、花"文化为主题的特色旅游区域。

2. 建设山茶博物馆，设置科普基地吸引亲子市场，充分利用绿水青山，群众因茶致富。

3. 全面提升茶叶经济效益，多措并举，实现茶叶产业不断转型升级。

九、江苏省苏州市相城区　缤纷花海休闲游

1. 特色景区

● **精品点 1：阳澄湖生态休闲旅游度假区**　位于苏州古城东北部，总面积 67.4 千米²，其中水域面积为 48.9 千米²，约占阳澄湖总面积的一半。南北走向的两个半岛"美人腿半岛"和"莲花岛"呈佛手状伸入湖中，将湖面隔成东、中和西三湖，区内风光优美、物产丰富、旅游资源丰富，被誉为"水中软黄金"的阳澄湖清水大闸蟹更是闻名中外。景区内乡村风情浓郁，阳澄湖的原生态环境以及江南水乡风情被完整保留，是品味诗意水乡文化内涵、品尝阳澄湖湖鲜美味的理想之地。

● **精品点 2：苏州中国花卉植物园**　占地面积约 3 000 亩，是以各类花卉为主题的"百花园"，是感受"城市绿肺"和"天然氧吧"的自然胜地。园区内花卉植物园标本馆面积约 700 米²，馆藏标本 2 万余份，日常展示约 1 500 份，是一座集收藏、展示、教研等多功能于一体的科普自然馆。

● **精品点 3：冯梦龙村**　冯梦龙村（原名新巷村）是明代文化名人冯梦龙的故乡，也是全国文明村、江苏省生态村、苏州市"美丽村庄"建设示范村，文化底蕴深厚。文化方面修复冯梦龙故居，产业方面重点开发林果基地，发展特色休闲农业，建设冯梦龙农耕园、开心农场，让游客体验农耕文化。

●**精品点4：北太湖旅游风景区** 风景区位于农业特色小镇"稻香小镇"即苏州市相城区望亭镇，这是一座具有近2 000多年历史的古镇，西邻太湖、北接望虞河，京杭大运河穿境而过。北太湖大道一侧是近7千米的滨湖风光，另一侧是万顷良田与散落其间的自然村落，是鱼米之乡的现实写照。北太湖千亩油菜花田是苏州市区近郊较大规模的油菜观赏基地之一，盛花期为3月下旬至4月上旬。每年春天，北太湖迎来大批踏青探春的游客，人们结伴走在花海栈道上，秋季还有稻香公园水稻千亩水稻景观。

2. 精品民宿

●**苏州稻乡印象客栈** 客栈位于有"人间天堂"之称的苏州市西北，在太湖之滨，与无锡市以望虞河为界。有千年历史的"典稻江南香小镇、运河吴门第一镇"望亭古镇。客栈集现代时尚、简约休闲于一体，稻香印象餐厅不仅可以自己动手烹饪美食，也可以品尝民宿主人制作的农家菜。

3. 风味餐饮

●**苏州五香酱肉** 江苏特产，长方形，皮呈酱红色，均匀光亮，精肉略红，肥膘洁白晶莹，香气馥郁，肉质柔嫩，咸中带甜，入口即化，鲜美可口。

● **母油整鸭**　由新聚菜馆名厨研创，已有 70 余年历史。母油，即"伏酱秋油"，醇厚鲜美，是酱油中的上品。其特点是汤醇不浊，鸭肉酥烂，色浓味鲜。由于汤被油面盖没，看似不热，一呷烫嘴。

● **锅巴汤**　苏州的"锅巴汤"有天下第一菜的称号，据说此菜名颇有来历。清朝年间，一日康熙皇帝微服出游，行至一处梅林，流连忘返，后与随从走散，饥饿之时，到一村妇家求食，村妇不知是皇帝驾到，本欲拒绝，但见康熙实在累饿不堪，只好迎其入内，但此时家中恰好饭光菜尽，没有剩饭。于是村妇以锅巴拌剩菜汤盛给康熙吃，没料到的是，皇帝吃后竟大加赞赏，以为绝妙，于是兴发，提笔写下"天下第一菜"几个大字。

4. 乡村购物

● **阳澄湖大闸蟹**　阳澄湖大闸蟹又名金爪蟹，产于江苏昆山。蟹身不沾泥，俗称清水大蟹，体大膘肥，青壳白肚，金爪黄毛。每逢金风送爽、菊花盛开之时，正是金爪蟹上市的旺季。农历九月的雌蟹、十月的雄蟹，性腺发育最佳，煮熟凝结，雌者成金黄色，雄者如白玉状，滋味鲜美。

自古以来，阳澄湖大闸蟹令无数食客为之倾倒，是享誉中国的名牌产品。章太炎夫人汤国黎女士有诗曰："不是阳澄蟹味好，此生何必住苏州。"

● **苏绣**　苏绣是我国的四大名绣之一，它以针法精细、色彩雅致而著称。苏绣图案秀丽，题材广泛，技法活泼灵动。无论是人物还是山水，都能体现江南水乡细腻绵长的文化特色。

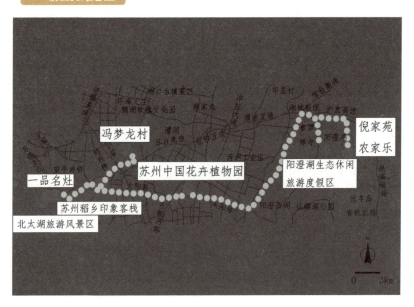

案例分析

● **创新模式** "旅游+互联网"跨产业融合,发展智慧旅游。以环城游憩带为核心,推进环太湖、环阳澄湖等旅游集聚区建设,推进旅游度假区的发展,推动休闲度假旅游产品建设;加大旅游交通、旅游集散中心体系、智慧旅游等公共服务配套设施的建设力度,推进旅游服务体系的互联互通;加强新媒体营销等营销模式的创新,提升苏州旅游的国际知名度和影响力。

● **产品类型** 跨界美食、花卉主题、生态观光。

● **成功关键**

1. 优化文化产业结构,提升城市文化软实力。

2. 促进旅游业与其他产业融合发展，推动"旅游＋互联网"产业融合，发展智慧旅游。

3. 积极发展古城文化休闲产品，在对古镇风貌保护与修复的基础上，以加强游客参与体验为中心，形成江南水乡古镇旅游群落。

十、河北省（邢台市）沙河市　早春观花浪漫游

1. 特色景区

● **精品点 1：金沙河红薯岭生态田园产业综合体**　位于河北省沙河市西部，地理位置优越，土质和种植传统为农作物种植提供了天然的优势，产业园以甘薯、油菜、油葵等农作物的种植加工、观光旅游为主。园区采取错峰种植，根据花期不同，春、夏季分别种植万余亩油菜、油葵。每逢花开时节，园区万亩花海面向社会免费开放，并举办、承办多种如文艺表演、集会、会议、运动会、演唱会等活动。2020 年借助沙河市承办邢台第四届旅游发展大会契机，按照 AAA 级旅游景区创建标准打造沙河文旅新名片。

● **精品点 2：红石沟休闲生态农场**　位于河北省沙河市白塔镇，规划面积 5 万亩，是一家集花卉观赏、园林采摘、儿童无动力乐园、度假休闲于一体的大型综合性生态旅游度假景区，被评为全国休闲农业与乡村旅游四星级示范园区、国家 AAAA 级旅游景区、河北省现代农业园区。农场共栽植苹果、梨、桃、杏、李、山楂、石榴、葡萄、桑、蓝莓、灯笼果、不老莓等林果树木 130 余万株，生态林木 200 余万株。春季百花盛开，樱花、桃花、梨花、油菜花、杏花、樱桃花竞相绽放。

● **精品点 3：栾卸银杏风景区**　栾卸银杏风景区植被茂密、群

山环抱、古树参天，根据春、夏、秋、冬四个季节选种了柿树、柏树、栾树、红枫、黄栌、花椒、松树、枣树等十余种树木，三季有花，四季有绿，其中最具特色的万亩银杏林，每到秋季就成了一片金色的海洋，十分壮观。景区内湖泊众多，星罗棋布，湖泊、泉水、瀑布等营造出一种"鸟鸣深涧里，清泉石上流"的优美诗意。

2. 精品民宿

● **沙河红石沟鹊声别院民宿**　地处红石沟风景区，环境优美，气氛休闲，有儿童游乐设施。可以在小桥流水的意境中，体验一段别样的休闲时光。

3. 风味餐饮

● **隆尧羊汤**　到隆尧羊肉馆喝羊汤是一种享受。羊汤端上来，油油的、浓浓的，奶白的汤色配上鲜绿的葱花，冒着白色的热气，一股新鲜浓郁的香味儿扑鼻而来，让食欲一下子就振奋起来。等不及先吸溜一口，嘴一凑上去，热气先把眼睛蒙眬了。汤初入口，细滑香醇的味道由舌头至喉咙蔓延开，暖暖的感觉就延伸到了肚子里。

● **黑家饺子**　黑家饺子是河北小吃，清真风味，邢台地区著名小吃。此饺馅选羊的后座、上脑、通脊三个部位的肉和小磨香油拌制，饺子面皮大小均匀，厚薄一致，包好的饺子呈"两面肚"状，没有阴阳面和双皮现象，馅肥嫩爽口，深受欢迎。

● **鬼子肉**　即驴肉。熟鬼子肉呈紫红色，光泽鲜艳，香味浓郁。在清光绪、宣统年间，鬼子肉常被作为礼品、宫中名菜，饮誉朝野。

4. 乡村购物

● **沙河排骨**　沙河排骨是沙河宴席上不可或缺的一道菜，有红烧、清炖、清蒸、干炸、酱焖等烹饪方式，口感香醇，回味无穷。

● **红谷子小米**　高岗丘陵旱地和黄色黏质土壤的土地是红谷子生长之处，该地海拔高，光照时间长，温度适宜，土地肥沃，土壤品质高所以生产的小米色泽金黄，晶莹明亮，黏糯芳香，绵软可口。

● **沙河核桃**　沙河核桃属早实薄壳品种，果仁饱满，色泽纯正，口味香浓，壳面光滑美观，食用方便。人们越来越注重健康，绿色有机食品渐渐走俏市场。

5. 旅游线路图

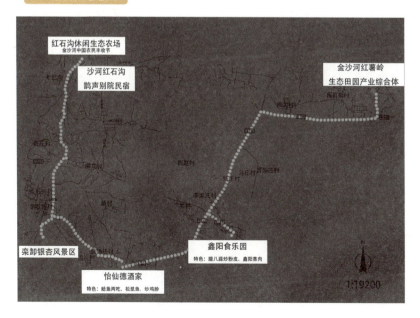

●**创新模式** 特色农产品品牌化运营。积极融入京津冀大旅游格局，强力整合旅游资源，着力塑造"休闲度假之旅、健康养生之城"旅游品牌，打造京津"后花园"。重点打造"一城两翼"，突出百里太行旅游产业带建设。着力抓好"一个中心，五大集群"建设，集中打造邢台城区和大峡谷旅游度假区、岐山湖旅游度假区。逐步形成以自然观光、休闲度假、养生养老（温泉养老）、古村古镇、红色旅游、经济旅游、现代农业旅游为主体的多样化旅游业态。

●**产品类型** 红色旅游、生态田园、民俗文化。

●**成功关键**

1. 设计开发具有燕赵文化特色、民俗文化的旅游线路和旅游商品，扩大河北旅游品牌的影响力。

2. 建设具有休闲、度假、康养特色的旅游线路。

第四章 夏季乡村旅游线路

一、北京市密云区　飞过芦苇荡·绿意在北庄
——生态休闲之旅

1. 特色景区

● **精品点 1："蜗牛小镇"生态农场**　借鉴国外先进农场管理经验和做法，依托果蔬种植园发展起集自然教育、山居体验、亲子娱乐、团队建设于一体的"蜗牛小镇"生态休闲农场。目前，农场拥有 61 个设施农业大棚，种植草莓、葡萄、番茄等 30 多种有机果蔬作物，基地景色优美，负氧离子含量高于市区 40 倍。农场在线上提供产品展示、活动推广、互动咨询、预订支付等服务，结合线下的农事体验、社会大课堂、活动拓展等体验活动，向市民提供完善的旅游产品服务，满足个性化、高端化、多元化的乡村旅游新体验。

休闲特色：农事体验、自然教育、山居体验、亲子娱乐。

● **精品点 2：承兴密抗日联合县政府旧址**　作为红色旅游基地，包括旧址、纪念馆、报社、弹药库和拘留所，内有纺车、油印机等简单设施。新建的承兴密抗日联合县政府旧址纪念馆建筑面积为 350 米²，分上下两层，一层为承兴密地区抗日斗争历史展览，二层为北庄地区抗日斗争史迹展和大岭村村情展，收集整理了密云东部地区抗战时期各种史实资料和照片。

休闲特色：红色旅游、爱国教育。

●**"山里寒舍"乡村酒店** 干峪沟村引入北京北庄旅游开发有限公司的"一个民俗村就是一个乡村酒店"的理念，实施"山里寒舍"乡村酒店项目，通过对农民闲置农宅进行统一设计改造，为游客提供高水准的住宿、餐饮服务。目前，已提升改造32处农民宅院，可同时接待200人入住。"山里寒舍"项目荣获北京市农村经济发展创新奖。2014年，干峪沟村获农业部评选"全国最美休闲乡村"。

休闲特色：休闲度假、农事体验、农耕文化。

●**庭前院后精品民宿** 位于密云东南部，东临潮河总干渠，紧邻多个风光秀美的景区。距焦庄户地道战遗址纪念馆有23千米，距北京国际鲜花港有24千米，距北京首都国际机场39千米。

3. 风味餐饮

●**烤黄花鱼** 黄花鱼学名大黄鱼，鱼头中有两颗坚硬的"石头"，故又名石首鱼。该产品选取黄渤海中自然生长的大黄鱼，精洗后高温烤制而成。产品有麻辣味和五香味两种，特别适合佐餐、下酒及馈赠亲友。

●**茯苓夹饼** 茯苓夹饼是清朝宫廷糕点、慈禧御膳，用茯苓、芝麻、蜂蜜、桂花、花生等加工而成。形状像满月，白似雪，薄如纸，珍美甘香，风味独特。本品含有人体所需的蛋白质和多种维生素，营养丰富，口味香美，具有滋养肝肾、补气润肠之功效，长期食用，可增强体力，养颜护肤，亦是馈赠亲友的佳品。

4. 乡村购物

●**五彩养生面** 五彩养生面是用各种蔬菜汁和面制作的面条，营养价值丰富，看起来就像一幅现代美术作品，配合五种颜色的卤，五种味道，酸甜苦辣咸尽在其中，寓意人生百味。

5. 乡村民俗

●**密云蝴蝶会** "蝴蝶会"是以蝴蝶为形象特征的一种民间舞蹈表演形式，因其通常随走会队伍进行表演，也被视为一个会档。流行于北京密云区卸甲山、康各庄、尖岩、古北口河西、八家庄等地，深受当地群众欢迎。

据传说，"蝴蝶会"起源于元朝初年，在密云已流传200多年。密云"蝴蝶会"与国内其他地区以蝴蝶为形象特征的表演形式不同，它采取成人与儿童叠加上肩的表演形式，拓展了表演的空间，增加了表演的观赏性。

6. 旅游线路图

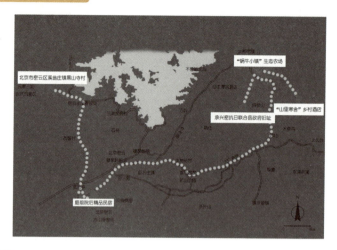

🔍 **案例分析**

● **创新模式** 打造田园综合体，营造生态涵养区。

密云区重点发展创意农业、文旅休闲等特色产业。把生态涵养区建设为"展现北京美丽自然山水和历史文化的典范区、生态文明建设的引领区、宜居宜业宜游的绿色发展示范区"。

围绕生态观光、体育运动、文化旅游等主题，优化产品结构，整体提升生态旅游产品，旨在全面提高密云旅游产品与消费市场层级，带动区域社会经济发展。密云区遵循生态涵养区战略，是名副其实的"生态旅游目的地"。

● **产品类型** 生态农场、精品民宿、红色旅游。

● **成功关键**

1. 大力推进镇域内特色产业，支持有潜力、有能力的村庄发展旅游产业，重点打造田园综合体。

2. 以规模化、标准化、绿色化为方向，打造特色农产品招牌，并创立优质农业品牌。

3. 以生态涵养区为功能定位，走绿色发展之路，发展都市型现代农业、高端休闲旅游业、乡村民俗旅游业及健康养生业等产业。

二、河北省（石家庄市）平山县　红色山水农业游

1. 特色景区

● **精品点 1：东方巨龟苑**　位于河北平山县东南部，与太行山偎依，被冶河环绕，是首批农业旅游示范点、国家 AAAA 级景区，被评为石家庄市中小学研学基地、省市科普教育基地、石家庄市爱国主义教育基地等。园区总面积 6 千米^2，其中水域面积 3 千米^2。东方巨龟苑现代休闲农业园是集旅游观光度假、水上参与休闲、生态农业养殖、爱国科普教育、健康美食娱乐、蔬菜水果种植采摘、休闲垂钓于一体的大型综合性园区。

休闲特色：休闲采摘、生态农业、爱国教育、农事体验、美食品鉴。

● **精品点 2：泓润生态园** 通过"规模化开发、精品式建设、集约式经营、产业式扶贫"综合开发，已成为集现代农业生产示范、现代农业观光、农业科普教育、休闲旅游观光、科普教育推广等于一体的综合性示范园区。种植有樱桃、火龙果、无花果、葡萄等 20 余种水果，四季瓜果飘香。果树全部施用有机肥料，物理防虫，并且已经获得绿色有机认证。

休闲特色：农业观光、水果采摘、农家大锅菜等美食品鉴。

● **精品点 3：李家庄** 李家庄依托统战部旧址，挖掘红色历史资源，导入文旅资源，打造具有太行风情的红色旅游山村，对旧址进行改造，现在已成为集传统教育、学习培训、理论研究于一体的爱国主义教育基地。李家庄结合自身特色和文化传承，大力弘扬西柏坡精神，将中国共产党与党外人士团结合作的政治信念、高尚风范和革命传统薪火相传、发扬光大，打造宣传、教育、展览、研究四位一体的全国统一战线传统教育基地。在村民文化活动广场定期进行河北梆子《白毛女》《子弟兵的母亲》《没有共产党就没有新中国》等剧目展演。

休闲观光：民俗表演、观光采摘、农事体验、红色教育。

● **精品点 4：北庄村** 北庄村是革命老区村，现有中央宣传部旧址和中央部委旧址区等景点。统筹西柏坡北庄村及周边南庄、西沟、通家口村的资源优势，打造"1＋3"区域发展新格局。

休闲特色：红色研学、农事体验。

● **精品点 5：沕沕水生态风景区** 集自然风光、人文景观、红色旅游和远古文化于一体，有典型的喀斯特岩溶泉，常年湍流，四季不竭，水质洁净甘洌，湖潭星罗棋布，沿绝壁飞落，形成落差多级的瀑布，堪称"燕赵第一瀑"。

休闲特色：休闲观光、水果采摘、红色旅游。

2. 特色民宿

● **平山李家庄房车露营基地**　位于中央统战部旧址旁，与水相望，靠山而眠。地理位置优越，交通便利，距离岗南高速路口 1千米。每辆房车含两间标间和一个小客厅，有独立卫浴。一车一院一景致，房车小院茶林相间，惬意悠然的环境是放松身心的优选之地。

3. 风味餐饮

● **金凤扒鸡**　最早始于 1908 年，采用独特的制作工艺，用蜂蜜对鸡进行上色并炸制，再用中药秘方配的老汤煮制，具有一定的药理功效和保健作用。

● **石家庄回民扒鸡**　通体呈金黄色，外形美观，料味深入，醇香浓郁，不易变质，鸡肉极烂，不抖则不散。其生产历史近半个世纪。

4. 乡村购物

● **平山绵核桃**　果粒匀称，皮光色润，仁饱适口，兼具出仁率、出油率高。

● **平山白灵菇**　河北石家庄平山县的特产。肉质细嫩，味美可口，具有较高的食用价值，被誉为"草原上的牛肝菌"，颇受消费者的青睐。

● **平山姬菇**　平山姬菇是河北石家庄平山县的特产。姬菇是独特的平菇种类，侧耳属，学名姬菇，与玉蕈不是一种。由河北省微生物研究所从日本引种，用于面食佐餐，肉质不老，嫩滑可口，有类似牡蛎的香味。

● **平山黑木耳**　平山黑木耳是河北石家庄平山县的特产。色泽黑褐，质地柔软，味道鲜美，营养丰富。可养血驻颜，令人肌肤红润，容光焕发。可防治缺铁性贫血等，具有很多药用功效。

5. 乡村民俗

● **平山北冶抬皇杠**　平山北冶抬皇杠是起源并流传于北冶乡天桂山一带的极具当地民俗特色的舞蹈。表演者的装束为红、黄两色相映衬的古装打扮，两人抬一杠，杠杆中间粗，两头细，有韧性，适合抬杠。杠箱四面绘有各种图案，两头各顶一个大铁环，上系铜铃铛，铁环用竹篾挑起，行走时发出"叮当叮当"的清脆响声。杠箱上插满五彩小旗，中间是一立柱，柱上挂着"鸡毛猴"，行进中上下攒动。表演队伍前方由压杠官做引领，身穿官衣，头戴官帽，手持令旗，扮相风趣逗人，动作滑稽可爱。

6. 旅游线路图

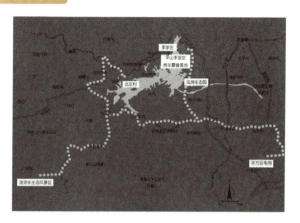

案例分析

● **创新模式** 传承红色基因，打造生态太行山。坚持以市场为导向，将自身的红色资源和山水优势变为产品和品牌优势，丰富旅游项目，将当地旅游资源与乡村旅游产品形式进行深度融合。

根据资源特征对资源进行保护性开发。根据其特点进行资源整合，以"大旅游"的理念进行休闲旅游开发，整合现有的休闲旅游资源，呈现不同风貌。通过整体协作的关系弥补资源本身的不足，避免了对资源的浪费和闲置，建立了整体发展观念的休闲产品体系。

● **产品类型** 红色旅游、科普教育、生态农业观光。

● **成功关键**

1. 完善基础配套设施，提升公共服务质量。

2. 合理规划布局，加强环保力度，发展优越的旅游资源优势。

3. 提升产品层次，改良传统营销方式。

三、上海市崇明区　醉美花海观光游

1. 特色景区

●**精品点 1：东平森林公园**　位于上海崇明岛的中北部，是华东地区已形成的最大的平原人工森林，是上海著名旅游胜地，国家 AAAA 级景区，全国农业旅游示范点。森林公园空气洁静、气候宜人，负氧离子含量高达 2 万个/厘米^3，有各种鸟类、鱼类、两栖动物、浮游动物等丰富的动物资源以及各种季节的花卉植物可以观赏，还有丰富多彩的娱乐设施及体验项目可供选择。

休闲特色：花海景观、植物科普、森林康养、烧烤体验。

●**精品点 2：北双村**　以"乡恋北双"为主题，一条游步道串联"田间五鲜"打卡点，绘就乡村新景。在北双村既能享受到现代生活的便利，又能找到乡愁的味道。村民们的菜园、果园、花园区错落有致，宅基地外立面也进行了统一改造，村居与自然融为一体。北双村有十几家民宿酒店，600 多张床位。乡村旅游产业渐具雏形，也吸引了不少年轻人来到崇明。

休闲特色：休闲度假、农事体验、美食品鉴。

● **精品点 3：西岸氧吧**　集民宿、咖啡、美食、观光等于一体的综合性度假花园，以"让都市人来放松减压、休闲度假"的经营理念，以"自然纯朴中融合现代化先进设施，零污染中安静舒适的享受健康"的设计理念，建起了具有法国风情的特色民宿"林舍"，赢得了社会各界和广大客户的一致好评。是都市人远离城市喧嚣，享受田园乐趣的岛上花园。

　　休闲特色：休闲度假、花卉欣赏、科普教育、农事体验、农家菜品鉴。

● **精品点 4：永乐村**　永乐村距第十届花卉博览会主会场约有15 分钟车程，紧邻光明集团"光明田缘"项目。永乐村紧紧围绕"特色农业型"功能定位，依托有着近 40 年种植历史的藏红花产业，

聚焦"花红永乐"品牌战略，统筹推进示范村创建，努力让"花红永乐"品牌在乡村振兴道路上绽放得更加绚丽多彩。

休闲特色：田园风光、科普教育、藏红花采摘、美食制作。

● **精品点 5：香朵开心农场**　坐落于被评为"全国美丽宜居乡村"、上海市美丽乡村示范村的合中村，是崇明首家获得"准生证"的开心农场。农场内田园风光秀美，乡村气息浓郁，包含农事体验、商展服务、休闲游乐、婚纱摄影等乡村旅游功能。场内现有种植桃树、梨树、樱桃、葡萄等水果的果园 30 亩、稻田 18 亩、花卉区 5亩，枫香、红枫、乌桕、银杏等观赏树木遍布农场各个角落，集观光、采摘、体验于一体，让游客与大自然倾情相拥。

休闲特色：水稻景观、手工活动、蔬果采摘、乡村美食品鉴。

● **精品点 6：荷花博览园**　"崇明·荷花博览园"总面积为560 亩，是目前上海地区最大的名贵荷花品种展示基地、生产育种基地。游客们可以欣赏来自全球 23 个国家（地区）7 个色系800 余个品种的世界名荷。园区规划总面积为 560 亩，是目前上海地区最大的名贵荷花品种展示基地，上海最好的生态休闲区之一，是集自然景观、网红项目、儿童游乐、餐饮住宿、科普教育、特色采摘、休闲娱乐于一体的景区，园区最大承载量15 000 人次。

休闲特色：花卉欣赏、睡莲景观、木屋民宿、文化科普、采摘体验、红色文化。

● **精品点 7：西沙明珠湖**　西沙明珠湖位于崇明岛的西南端，由明珠湖和西沙湿地组成，面积 11 900 亩。景区具有独特秀美的湿地、湖泊、森林等自然风光和颇具特色的水陆体育竞技休闲旅游项目，使其成为一个知名的国家生态旅游示范区。

休闲特色：湿地景观、垂钓体验、美食品鉴。

2. 精品民宿

● **崇尚岛隐**　位于上海，配备带免费 WiFi 的河景客房，配有餐厅、共用休息室和花园。客人可以使用庭院和烧烤设施。空调度假屋配有厨房、休息区、用餐区和有线频道平板电视。度假屋配备毛巾和床上用品。这家度假屋每天早晨提供自助和亚洲风味早餐两种选择。崇尚岛隐配备阳光露台供客人使用。上海虹桥国际机场，距离民宿 55 千米。

3. 风味餐饮

● **崇明糕**　崇明糕是崇明特产，糕内有枣、白糖等，清香松口，糯而不粘，畅销岛内外，是宝岛崇明的特色风味小吃。

● **崇明酱包瓜**　崇明特产之一，色香味俱佳，被清朝皇宫列为贡瓜，是中国出口贸易中的传统商品。

● **草头圈子**　由"炒直肠"演变而来。原本叫红烧圈子，最早是上海老正兴菜馆做的，到了20世纪30年代，有人考虑到圈子油脂足，就拿草头和豆苗做围边，所以就叫"草头圈子""豆苗圈子"。一个圈子，一口草头，一种滋润，一阵清爽。

4. 乡村购物

● **奉贤黄桃**　20世纪20年代，奉贤的青村、望海、三官、钱桥、泰日、滨海等乡镇开始种植黄肉桃，总计种植面积100余亩。20世纪60年代，上海市农业科学院园艺研究所的科技人员，对奉贤黄桃进行了品种改良，保留了它多汁且甜的特征。至20世纪70年代，育成了以"锦绣黄桃"为代表的鲜食与加工兼用的新品种，使奉贤黄桃独具特色。

● **枫泾猪**　枫泾猪是太湖猪品种之一，以沪浙交界的金山区枫泾镇为原产地、苗猪集散地。枫泾猪骨骼介于梅山猪与米猪之间，头大额宽、额部皱褶多、深，耳特大，软而下垂，耳尖齐或超过嘴角，形似大蒲扇。

● **崇明金瓜**　金瓜，又名金丝瓜，在崇明已有100年以上的种植历史，是崇明的传统特产。鲜嫩清香，松脆爽口，是家庭、饭店、宾馆中都能见到的色香味俱佳的上等菜肴，有"植物海蜇"之美誉。

5. 乡村民俗

● **崇明扁担戏**　崇明扁担戏是一种非常有个性、有特点的民间戏剧。平时，民间艺人用一根扁担，一端挑着小舞台，一端挑着高脚凳，走村串户，行走在乡间。如果有人邀请演出，就选择一个较为平整的场地，放下供表演者坐的高脚凳子，再把扁担的一头插入凳子下横档的榫里，将上端小舞台加以固定，然后表演者躲到小舞台后边，坐到用拖地布幔围起来的高脚凳子上，双脚踩响在高脚凳凳面下横档上的锣钹，一阵击打之后开始表演。表演者操动套在手指上的布袋木偶，用嘴来演绎剧中故事情节里人物的对白，间或辅以描述打斗、格杀的口技等。这种一个人既当演员，又当伴奏员，既用手指演绎角色，又用嘴巴演唱台词、模拟口技的戏剧，在崇明岛上被称为"木人头戏"，是木偶戏的一种，行家将这种一人表演的布袋木偶戏描述为"扁担戏"。

● **崇明山歌** 崇明山歌既干脆坦率，又生动形象，幽默含蓄，真挚感人，反映的感情真实，喜怒哀乐溢于言表，有直抒胸臆的情绪宣泄，有触景生情的即兴演唱，有对真善美的褒扬和追求，有对假丑恶的鞭挞和唾弃。

6. 旅游线路图

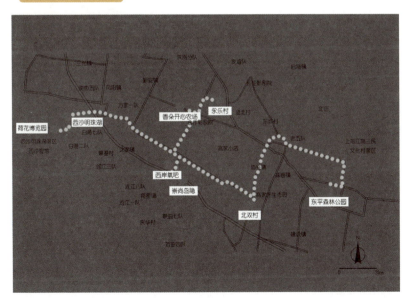

● **创新模式** 以都市型现代农业为基础，建设世界级生态旅游岛。作为上海的后花园，以打造"国际大都市近郊休闲旅游目的地"为核心，建设符合崇明"世界级生态岛"定位的引擎项目，推动生态岛建设成为一场标准更高、眼界更开阔的世界级"大合唱"，以养生康体旅游、运动休闲旅游、乡村田园旅游、科普研学旅游为四大支柱，推进全域旅游产品的品质提升。

规划提出坚持生态立岛，依托"旅游＋"和"生态＋"双轮驱动，重点打造乡村旅游产业、生态旅游产业、休闲度假产业、运动休闲产业、健康养生产业和文化旅游产业等六大旅游相关产业集群，打造"多旅融合"的大旅游格局，全面推动旅游相关产业转型升级、提质增效。

● **产品类型** 生态旅游、科普教育、创意农业、田园风光。

● **成功关键**

1. 打造生态旅游岛，以"生态引领、创新发展"为主线，推进"景点旅游"向"全域旅游"转变。

2. 从小景点走向大景区，系统性优化全域旅游空间格局，推进重点旅游功能区发展，培育全域特色旅游空间，引导差异化和特色化发展，勾勒全域旅游美丽画卷。

3. 不断强化特色乡村旅游，发挥都市型农业的影响力。

四、浙江省（温州市）永嘉县 岩头古镇楠溪韵味精品游

1. 特色景区

●**精品点 1：苍坡古村** 作为浙江省级农家乐集聚村，休闲体验项目有古村探索、农村改革馆、象棋文化馆、惠风轩画展、永昆博物馆、田园观光等。风味餐饮有红烧田鱼、黄牛骨、炒粉干等。村内有 10 多家高、中、低端民宿，满足各种游客群体的消费需求。

休闲特色：观光休闲、民俗文化、乡村美食。

●**精品点 2：永嘉红十三军教育基地** 可瞻仰中国工农红军第十三军纪念碑，参观中国工农红军第十三军纪念馆、中国工农红军第十三军军部旧址、中国工农红军历史教育馆，重走红军路。风味餐饮有药膳楠溪土猪汤、手抓黄牛骨、茶油素面、手工农家芋圆、十三碗特色红军餐等。基地位于历史文化古镇岩头镇红星社区，依山傍水，环境优雅，建筑面积约 7 362 米²，建设教学展示用房、住宿、餐饮、客房 77 间，拥有 139 个床位，每间客房面积约 25 米²，平面布局及设施设备按照四星级标准建设。

休闲特色：红色旅游、爱国教育。

● **精品点 3：塆里农场**　育有枇杷、杨梅、红美人柑橘、葡萄柚、猕猴桃等十几种优质水果 2 000 余亩，适合亲子采摘，休闲观光。岩头镇有众多餐馆、酒店，还有众多民宿、宾馆、酒店。

休闲特色：休闲采摘、乡村美食。

● **精品点 4：丽水古街**　开发了一系列休闲体验项目，有古街长廊、夜景观光、美食小吃、酒吧、特色小吃、农产品销售、特色农家乐、精品民宿等。风味餐饮有金粉饺、青草豆腐、麦芽糖、小米糕、永嘉麦饼、楠溪炒粉干、炒螺蛳、本地鸡等特色美食。

休闲特色：民俗文化、乡村美食。

● **精品点 5：楠溪江滩地音乐公园**　休闲体验项目有夜景观光、演唱会盛宴、夜市市集、酒吧等。农副产品有乌牛早茶、沙岗粉干、番薯枣、楠溪江田鱼干、精品水果等。特色小吃有楠溪江之吻（炒螺蛳）、永嘉麦饼、金粉饺、青草豆腐、麦芽糖、小米糕、灯盏糕等。每年组织农事节庆活动，如楠溪江东海跨年音乐节、楠溪江稻田艺术摄影大赛、永嘉耕读文化节等。

休闲特色：农事节庆、民俗文化、乡村美食。

2. 精品民宿

● **温州雁荡山借山居民宿**　位于乐清，提供免费 WiFi，配备游泳池、餐厅和花园。房间可享河景，有配洗衣机、带微波炉的设施齐全的厨房以及配拖鞋和吹风机的私人浴室。部分客房配有庭院或阳台。这家家庭式住宿提供亚洲风味自助早餐。住宿区配备露台。客人可以在温州雁荡山借山居民宿附近体验徒步。最近的机场是台州路桥机场，距离民宿 43 千米。

3. 风味餐饮

● **楠溪素面** 楠溪素面煮出来看似和普通的面条区别不大，但它做的过程却不一般。素面做好之后，必须在太阳下暴晒几天。这个时候，白色的素面挂满了村前院后。纤丝翻飞、素面飘飘的场面很是赏心悦目，堪称楠溪一景。

● **楠溪麦饼** 楠溪麦饼出自永嘉沙头。一个麦饼的配料有：0.5千克麦粉，1个鸡蛋，1汤匙菜油。将配料搅拌揉透，成凹字形，嵌入咸菜、鲜肉、炊虾、味精。包拢后，用木槌捶成扁圆形，放在平底铁煎盘中两面煎白，再转到烤炉中焙硬。食之松脆软、喷香，堪称美食。

● **"王大妈"麦饼** 63岁的王大妈堪称妇女自主创业的典范，她凭借多年的经商和食品制作经验，创造性地开发出了风味独特、制作方法独道的"王大妈"麦饼，并先后夺取温州名小吃、永嘉名牌商标等多项荣誉。

4. 乡村购物

● **乌牛早茶** 该茶通过科学管理，在2月上旬就能小量上市，到3月5日能批量供应，故创品牌商标"三·五·早"。"三·五·

早"牌乌牛早茶外形扁平光滑，肥嫩匀整，色泽嫩绿。早茶嫩香高锐，滋味醇爽，叶底完整显芽，是色、香、味、形俱佳的高档扁形名茶。

● **三寸黄柑擘**　别名：瓯柑。有清热生津、去痰止咳、润肺定喘、消炎解毒等功效。瓯柑是珍果良药，它含有丰富的碳水化合物、蛋白质、脂肪、有机酸、多种维生素和矿物质，维生素 C 比一般水果要高。

● **永嘉荆州板栗**　永嘉山区农民有"板栗炖鸡"的饮食习俗，营养丰富，风味独特，是待客上品。永嘉板栗，据初步考证，大约在清朝乾隆年间从福建引入，现全县各乡均有分布，大多数是零星栽植，在碧莲、大若岩、张溪、渠口、岩头等地连片或带状，林栗间作。

5. 乡村民俗

● **永嘉昆剧**　又称温州昆曲，是流行在以温州为中心的浙南地区的一个昆剧流派。明万历年间（1573—1620）昆剧传入温州后，和温州的戏曲互相融合，逐渐形成新的地方剧种。

永嘉昆曲的声腔，既有与苏昆同牌同调的，也有同牌异调和独有曲牌。演唱不受传统联套宫调规律限制，可以同宫异调联套，甚至可以在某一曲牌中间转调，有极大的灵活性和丰富性。在打击乐方面也保存了较为古朴的民间锣鼓点。角色最初有小生、正生、当家、花旦、大花、小花。加上鼓板和正吹即可演戏，称"八脚头"，后发展到十三脚。表演艺术古朴、自然、明快，追求生活的真实性。丑角道白多用温州方言。

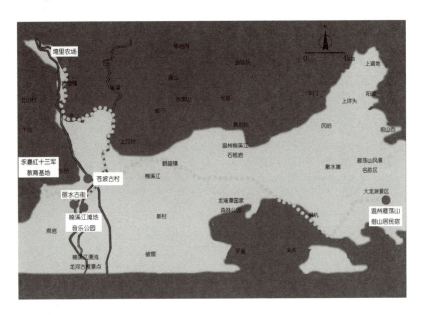

案例分析

● **创新模式** 打造文化旅游融合品牌，迎合休闲新趋势。永嘉县坚持以开明融合的理念、开放合作的思路、开拓创新的方法，引进旅游行业大品牌，不断培育楠溪江文化和旅游新亮点，让旅游人气聚起来、文旅消费旺起来，发力打造文旅消费提质转型和文旅高质量发展的新引擎。

同时，吸引了社会资本加入景区、主题公园、特色小镇、旅游演艺、研学旅游等不同最新休闲业态的建设，在文化艺术、资本、科技、创意的驱动下，旅游产品不断推陈出新，品牌张力不断提升。

● **产品类型** 文旅融合、红色教育、文化创意社区。

● **成功关键**

1. 突出目标人群，以游客体验和需求为中心，创新旅游产品。

2. 加强与国内、省内文旅大集团合作，打造在温州地区有影响力的特色品牌。

3. 大力培育传统与时尚并存、中外元素交融的体验性休闲节庆活动和场所，不断强化品牌影响力。

五、山东省（威海市）荣成市　红色乡村休闲旅游

1. 特色景区

● **精品点 1：桑沟湾海洋牧场**　桑沟湾海洋牧场是国家级海洋牧场，每天都吸引了很多的游客坐船到海上体验驾舟踏浪，与鸥鹭为伴，参观全国最大的海水河豚养殖场以及贝类、藻类和鱼类养殖区，有可同时容纳 4 000 人的海上大型平台，游客可以戏逗河豚、亲手采摘、网箱海钓，也可以观看桑沟湾野生海洋物种，参加海洋亲子科普教育，做客海上餐厅，享美味，品渔家盛宴，收获的不仅是大海的鲜味，更多的是劳动所得的喜悦。

桑沟湾海水清澈，水质优良，海产丰盛，是海洋生物十分喜欢的索饵场和繁育场，每年的 7 月都会举办放鱼节活动，增殖放流、生态养海，为海洋的生态保护出一份力。同时会在 4 月 20 日举办渔民节，9、10 月举办渔获节、河豚节等节庆活动。碧海、蓝天、岛礁、渔夫、木船、海耕、牧场、河豚，构成了桑沟湾自然资源与现代发展融合的美丽与魅力。观光之余，还可以体验最淳朴的海上渔家生活。闲暇之余，在桑沟湾海洋牧场，与蓝天相溶，与碧海相拥，与河豚相伴，感受自然海洋的瑰丽。

休闲特色：避暑纳凉、观光休闲、民俗文化、乡村美食。

● **精品点 2：东楮岛** 地处桑沟湾南岸，三面临海，海岸线长
10 多千米。建村于明万历年间，距今有 400 多年的历史，是胶东
地区海草房保留最完整的村庄之一，被誉为"国内生态民居的活
标本"。充分挖掘传统文化和海洋文化资源，保护、修缮村内海草
房，整合 10 多户海草房，打造有咸鱼坊、豆腐坊、画廊、杂货
铺、抗日纪念馆等传统文化元素的楮岛老街。同时，打造长 3.5
千米的海水浴场，打造集海底观光、休闲垂钓、游客接待、商务
会议、餐饮服务、海洋科研于一体的现代化海洋牧场。

休闲特色：避暑纳凉、观光休闲、民俗文化、科普教育。

● **精品点 3：十里古乡** 十里古乡包括东墩村和留村。东墩
村以海草房保护、谷牧旧居建设为切入点，重点沿着红色基因传
承、民俗技艺推广两个主方向开展工作；留村拥有程氏祠堂、元

代古墓群等历史遗迹，2019 年 6 月 6 日，列入第五批中国传统村落名录。东墩村是谷牧同志的故乡，该村依托威海市级文物保护单位，重点对周边海草房进行保护性开发，打造了谷牧传记馆、石岛民俗馆、六艺馆、孔子学堂等展馆，形成了"一院一主题、一馆一特色"的海草房主题院落群，成为山东省党史教育基地和威海市爱国主义教育基地。同时，东墩村充分挖掘村内汪口蹈海七烈士、杨家葬海战等红色故事，传承刺绣、剪纸、面艺等民俗技艺。

休闲特色：田园景观、观光休闲、民俗文化、科普教育、红色旅游。

● **精品点 4：谷牧故居** 系清朝嘉庆年间所建的农村四合院式海草房，具有典型的胶东传统民居建筑风格，占地 400 多米²，分南北两个宅院。在谷牧故居旁是谷牧传记馆，馆内有"为了新中国的诞生""走上经济建设领导岗位""改革开放的开拓者"和"乡情亲情友情"四部分。小屋的墙上挂满了谷牧各个时期的照片，陈列着谷牧同志的遗物、子女及亲属捐赠的纪念品，展示了谷牧的光辉业绩。

休闲特色：红色旅游、爱国主义教育。

● **精品点 5：车脚河花村** 位于石岛西部，毗邻赤山法华院，三面环山，一面望海，是胶东半岛著名的"花村"。当地已有

300余年养花历史，以"三百人家皆花匠"闻名大江南北，家家户户养花卖花。目前，建成600米²的花卉展示和交易中心，集中进行花卉展示和对外销售活动；打造百亩梯田樱花海、花卉种植基地观光区、休闲氧吧、居士养生基地等10余处特色景观和功能板块，形成花村路沿街景观带，让来访游客置身花村，在晨钟暮鼓中流连忘返。

休闲特色：观光休闲、乡村美食。

2. 精品民宿

● **东楮岛唐乡海草房**　用海草制作屋顶，建造出特色的海草房。东楮岛的唐乡海草房共有九个独立院落，设计主题各不相同：止锚湾、蓝草屋、鹅语畔、木者居、唐乡画院、独钓台、参宝堂、渔人家、觅琼园，还有一家集餐饮、酒吧、接待、书屋于一身的乡公所。

在海岛的山水间，享受宁静的渔村生活，晨起出海，暮至收网，可以去乡公所借辆沙滩自行车在海水落去的地方骑行，或者逛一逛每五天一开的东楮岛集市，和聚集的乡民唠唠家常。

3. 风味餐饮

● **盛家火烧**　刚出炉的火烧，一面酥脆，一面柔软，中间白中透黄，层次分明。吃时不黏口，不噎人，吃过之后不会觉得口干。

● **糖酥杠子头火食**　杠子头火食冬不甚凉、夏不易馊、口味甘甜、耐于贮存，是渔民出海打鱼时携带的理想食品。但后来渔民们发现，杠子头火食经海风一吹，变得又干又硬，难以下咽，于是聪明的渔民在制作时加上油和糖，即成为糖酥杠子头火食。

● **姜汁螃蟹**　蟹外观红白相间、似活欲动。手扒蟹肉，并根据个人口味爱好，蘸着醋、姜汁或者酱油吃。特点是既有蟹子原味之鲜，又有佐料解腥之妙。

4. 乡村购物

● **荣成大花生**　荣成大花生以花 17、鲁花 10、花育 22 等大花生品种为主，因优越的农业生态环境、绿色有机种植技术、优良的品质畅销日本市场。荣成市 2011 年被农业部批为全国农业标准化花生示范县，荣成大花生荣获"2011 最具影响力中国农产品区域公用品牌"。

● **荣成海带**　地处山东半岛最东端的荣成市，素有"中国海带之乡"的美誉。荣成海带以藻体宽大、叶片肥厚、营养成分高而著称，年产量占全国的 50% 以上，是我国养殖海带的标志产品。

● **荣成无花果**　由于特殊的自然环境条件再加上有机、绿色种植技术和荣成农民精心的栽培管理，荣成无花果拥有个头较大、香甜软糯、风味独特、营养丰富的优良品质。

5. 乡村民俗

● **荣成渔民号子**　荣成是渔业大市，有着几千年的渔业生产历史。勤劳勇敢的渔民在长期与大海、大风、大浪的抗争中，在繁重的生产实践里，创造出了极具地方民俗特色的渔民号子。它作为渔民生产劳动中不可缺少的古老歌谣和精神号令，在荣成沿海区域广泛流传。渔民号子既有鼓舞情绪、调节精神的作用，又有指挥生产、协调动作、统一行动的功能。

6. 旅游线路图

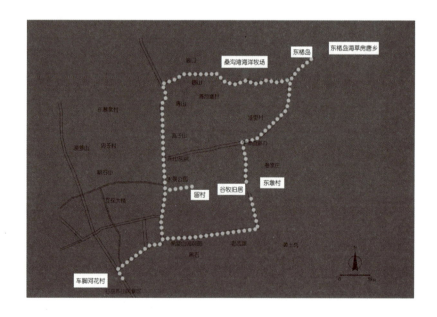

● **创新模式** 特色海洋文化旅游，渔家休闲民宿。发掘海洋城市特有的渔家文化，构思以非遗项目"渔家锣鼓、渔民号子、渔家秧歌"为主体的荣成"三渔文化"原创文艺作品，通过节庆活动"千人渔家锣鼓（腰鼓）大赛""千人渔家秧歌大赛"等表演形式落地景区，以文旅叠加的做法为人们提供丰富多彩的海洋文化场景体验。

开发"荣成记忆"文创标识体系，塑造"荣小歌"城市文创IP，形成"漫游荣成"AR、VR系列产品，以视觉统一形象符号引导全市旅游商品、海洋食品提档升级。

● **产品类型** 文创产业、IP文创形象、特色民宿文化。

● **成功关键**

1. 文旅叠加，发展荣成市特有的民俗文化激活消费场景空间。

2. 荣成市在传统渔业产业基础上挖掘现代渔业三产属性，全面开启海洋牧场建设，以海洋牧场＋旅游实现转型升级。

3. 打造高端民宿，成立推广团队，通过组织推介会、活动论坛，打响品牌知名度。依托谷牧旧居，重点对周边海草房进行保护性开发，建造了谷牧传记馆、石岛民俗馆、六艺馆、孔子学堂、党校培训中心等展馆，形成了"一院一主题、一馆一特色"的海草房主题院落群，是山东省党史教育基地和威海市爱国主义教育基地。

1. 特色景区

● **精品点 1：古驿道小镇**　涵盖太平镇钱岗村、文阁村、颜村、红石村 4 个村，依托广裕祠、陆炜故居、陆氏大宗祠、颜氏大宗祠以及古驿道等丰富的历史文化遗产资源以及钱岗糯米荔枝等中国国家地理标志产品资源，借力南粤古驿道定向比赛品牌，深入挖掘、活化利用古驿道文化资源，全力打造串联旅游、运动、教育、颐养及文创农业五大产业的特色小镇。

休闲特色：休闲采摘、特色美食。

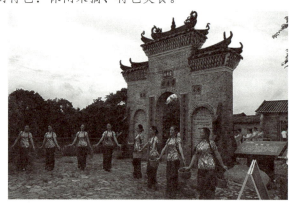

● **精品点 2：南药小镇**　依托丰富的红色文化资源、自然生态资源、古村落民居资源和现代农业资源，重点建设百亩莲塘、映山红观赏园、岭南中医药文化博览园、马骝山南药森林公园，打造集中草药种植培育、科普教育培训、生物医药研发、生态观光农业、森林休闲康养、民俗民宿旅游于一体的产业体系。

休闲特色：科普教育、生态观光、休闲康养。

● **精品点 3：流溪绿道**　沿流溪河建设，宛如一条丝带，穿越青山，风景旖旎。流溪生态型绿道从太平镇与花都区交界处，沿流溪河游览，途经牛心岭、木棉村、文峰塔等地，穿越街口市中心，往北再途经温泉镇、良口镇、直达流溪河国家森林公园，规划全长 109 千米。沿途的村落、滩涂、果林、农地均可作为游览副线，游客可自由穿梭，有丰富的体验。

休闲特色：休闲采摘、观光休闲。

● **精品点 4：锦洞桃花小镇**　占地面积 26.82 千米^2。以"岭南文化小镇、广府美食乡村"为功能定位，以桃花为主题，着力打造成为综合性、多功能、多业态的小型旅游区和生态居住区。

2018 年 3 月，首届桃花节成功举办，吸引游客约 5 万人次。游客到此可品尝西洋菜、山坑螺、山坑鱼、桃花鸡、客家酿豆腐、农家走地鸡、手打牛肉丸等美食。

休闲特色：休闲观光、特色美食。

● **精品点 5：西和万花风情小镇**　西和万花风情小镇有宝趣玫瑰世界、天适樱花悠乐园、北纬 23°8′森林营地、大丘园等 38 家企业，形成以小盆栽、兰花、多肉植物及苗木等为主的花卉种植产业，产品远销海外。建成以花卉观赏、水果采摘、精品民宿、休闲体验等现代服务业为主的观光农业、乡村旅游产业，建成全省首个"粤菜师傅培训室"，有"花语间民宿""路见小屋"等一批高端精品民宿。

休闲特色：田园景观、休闲观光、民宿体验。

● **精品点6：西塘童话小镇**　小镇位于广州市北部的西塘村，该村是从化区乡村振兴示范区建设"五个一批"实施路径中特色小镇建设的核心村庄之一，已初步实现了产业基础扎实、生态环境提升、村庄治理改善、村民收入倍增，获得"广东改革开放示范百强村""广州市旅游文化特色村"等荣誉称号。

休闲特色：特色产品（五无蔬菜、生态鸭稻米等）、乡村美食。

2. 精品民宿

● **龙新磨舍**　龙新磨舍是一所充满丽江情调的别致客栈。这里没有电视，客房没有无线网络，住在这里的人能体验最原生态的农耕文化。来到这里，你可以用自家种植的蔬果和养殖的鸡、鱼自己动手制作美食，在悠然的环境中品茶赏乐、谈论人生！

3. 风味餐饮

● **泥焗走地鸡** 俗称土鸡，在果园里觅食长大，鸡味特别浓，特别香滑，且有韧性，饲料鸡、大种鸡无法与之相比。从化温泉一带含有多种矿物质，从化的河沙、泥土都很特别，所以从化的泥焗走地鸡特别好吃。

● **吕田炆大肉** 吕田炆大肉是从化历史悠久的一道名菜，它有三个特点：一是大而方正；二是爽而不腻；三是香而色红。

4. 乡村购物

● **从化荔枝** 从化荔枝有早熟、中熟、晚熟三个品种。早熟品种一般在 5 月下旬至 6 月中旬果熟，主要品种有：妃子笑、大旱、黑叶、状元红、白蜡等；中熟品种一般在 6 月下旬至 7 月上旬果熟，主要品种有糯米糍、桂味、青皮甜、蜜糖罂等；晚熟品种一般在 7 月中旬至下旬果熟，主要品种有淮枝、香荔、尚书怀等。

● **从化荔枝蜜** 从化荔枝蜜被誉为蜂蜜之王，是享誉国内外的著名特产之一。其味道芳香清甜，含有人体必需的多种维生素和营养成分，是老幼皆宜的天然保健食品。

5. 乡村民俗

● **从化温泉** 从化温泉传说源自从化区东北部的温泉镇，流传至今已有 350 多年。清朝康熙年间的《广东府州县志从化县新志》中，便记有饭甑泉的传说，相传有一洗甑者没于龙潭，从此有温泉流出，名"饭甑泉"。传至今日，流传较广的传说主要有龙宫煮泉和香粉瀑。这些传说以山清水秀、草木繁盛、佳泉密布的温泉镇自然环境为背景，不仅反映了从化温泉的自然景观，也表现出当地劳动人民勤劳善良、舍己为人的传统美德，使自然美和人性美相得益彰。

6. 旅游线路图

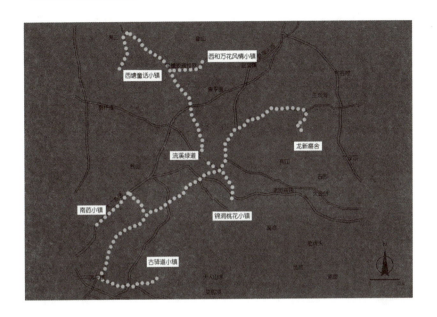

案例分析

● **创新模式**　利用绿道串联特色小镇，实施乡村振兴战略。广东地区的休闲绿道建设水平位于中国前列，利用其串联当地特色小镇，基于自身产业及优势，围绕主导产业延伸产业链，促进产业跨界融合发展。

　　依托优越的生态环境和丰富的山地资源，全力推介户外拓展、徒步登山、水上运动等新兴户外旅游产品；积极协调区内旅行社将特色小镇与相关景区整合形成旅游线路，全力将特色小镇推向市场。

　　以乡村、民俗资源为依托，以"美丽乡村"建设为抓手，推动乡村旅游的发展。被评为"全国休闲农业与乡村旅游示范县"。

- **产品类型**　特色小镇、跨界美食、观光休闲绿道。
- **成功关键**

1. 围绕已有产业优势和未来产业导向，强化特色定位，注重差异发展，充分打造产业链和生态链，实现上下游资源的整合发展。

2. 完善从化特色小镇住宿餐饮设施。鼓励居民建设具有小镇特色的主题民宿和适应小镇绿色发展的风味餐饮。结合住宿餐饮等领域，多角度展示从化各小镇特色，打造"互联网＋旅游"的完整产业生态圈。

3. 通过举办在国内外具有较大影响力、传播力的高端活动，以及利用知名新媒体平台、自媒体平台等进行宣传，迅速提升从化特色小镇的知名度和影响力。

七、广西（桂林市）全州县　红色教育乡村研学游

1. 特色景区

- **精品点 1：红军长征湘江战役纪念园**　地处全州县才湾镇觉山铺自然村，占地面积 260 公顷，包括红军长征湘江战役纪念馆、湘江战役纪念林、战壕遗址、祭奠广场等。纪念馆展示介绍了红军湘江战役，陈列了红军长征湘江战役遗留下的部分红军书札文件、枪械、炮弹等物件；纪念林有"以山为林、以树为魂、以石为碑"的独特风格，充分结合湘江战役战事，种植着桂北乡土绿色植物，安放着部分湘江战役红军战士的遗骸，苍松翠柏伴随着先烈英魂，万古长青。

● **精品点 2：毛竹山葡萄种植现代特色农业示范区** 紧靠红军长征湘江战役纪念园，距 322 国道线 2 千米，距全州县城 15 千米。毛竹山风景优美、宁静，村容整洁别致，村庄周边树茂竹修、古树参天，村前为葡萄种植现代特色农业示范区，葡萄种植面积 1 200 多亩，品种有红地球、美人指、兰玉等。该村形成了一、二、三产业融合发展的新格局，是人们乡村旅游、体验农事、采摘品尝鲜果的好去处。

休闲特色：采摘葡萄、体验农耕生活。

● **精品点 3：七分水瀑布群** 都说"度假天湖，不去七分水，那是一大遗憾"，七分水自然村地处天湖脚下，村落整洁别致，绿水青山，空气宜人。瀑布群的水出自天湖，天湖与七分水落差达

1 200 米，溪水从天湖飞流而下组成了一条瀑布群带。游人若从七分水徒步天湖，可一览七分水瀑布的壮观，同时也可享受登山攀峰的乐趣。七分水村内建有旅游驿站，设施、功能齐全，还可以体验农家生活。

● **精品点4：山川梯田**　山川是才湾镇7个山区村的统称，由于山多地少，勤劳的山区群众开垦梯田，满足农业需求。7个山区村都有大量的梯田，其中连绵最广的七星母子冲梯田面积达到400余亩，沿着陡峭的山坡层层向上分布，就像是为巨人登天而建造的台阶，蔚为壮观。

休闲特色：田园景观、休闲旅游。

● **精品点 5：天湖湿地公园** 地处才湾镇西北的越城岭山脉，海拔 2 100 多米，由 13 座小水库组合成湖泊群，有高山草原 7 万多亩，原始森林 4 300 多亩，有多种珍稀树种、奇花异草以及野生动物。天湖具有独特的"一山四季"气候，当山脚还是炎热的夏季气候时，山腰则是杜鹃花开五色，山顶却是秋风袭人的深秋。天湖水底"皇帝大殿"的古迹，为人们提供了难得的考古、觅胜的机会。在天湖，夏可避暑赏花，冬可看雪滑冰。

休闲特色：避暑赏花、休闲康养。

2. 精品民宿

● **大碧头阡陌居度假酒店** 拥有两百余间精品客房，茂树修竹、曲径迂回、绿坪如茵、蝉鸣虫唱，景致典雅，充分体现了桂北民宿之精巧，青砖黛瓦显桂北民趣之纯朴，室内舒适豪华，窗外风景秀丽，使宾客在青山绿水之中抛却琐事烦扰、享受悠然清净，是中外宾客旅游度假、商务洽谈、休闲娱乐的理想场所。

3. 风味餐饮

● **桂北腊肠** 桂北腊肠是以猪肉为原料，切碎或绞碎成丁，用食盐、硝酸盐、白糖、曲酒、酱油等调味料腌制后，充填入天然肠衣中，经晾晒、风干或烘烤等工艺而制成的一类生干肠制品。

● **血粑豆腐** 血粑豆腐是全州人情有独钟的一种特殊食品，从什么年代开始制作食用很难考证，听老人们说，是老辈传下来的，也有人讲，是全州人熏制腊肉后不久就有了。

4. 乡村购物

● **全州蜜梨**　全州蜜梨是广西最优秀的梨种之一，它具有本地特色，果肉白色，果心较小，肉质脆而细嫩、化渣、清甜，有较浓的蜜梨香味，果肉切开后长时间不变色，具有丰产优质等特点，是梨中珍品，深受消费者喜爱。

● **湘山酒**　湘山酒是我国小曲米香型白酒的杰出代表。精品湘山酒采用精选优质大米加特制小曲，秉承严格的传统工艺悉心酿制而成。酒色晶莹透亮，味有蜜香，清雅而芬芳，入口甘美绵甜，回味悠长怡畅，是不可多得的珍品。

● **全州禾花鱼**　因长期放养在稻田内，食水稻落花而得名，是全州县著名特产，也是桂林市十大名牌农产品之一。

全州禾花鱼属中国本土鱼类。体短而肥，一般体重在 50～250 克，全身紫褐色，细叶鳞，皮薄，隐约可见内脏。它肉多刺小，有主刺无细刺，肉质细嫩清甜，无腥味，是一种营养价值高、集美食与观赏性于一体、宜推广养殖及加工利用的地方优良鱼类品种。

5. 乡村民俗

● **全州东山瑶族服饰**　东山瑶服饰是东山瑶族人民根据其生存环境的需要中创造的，能充分适应他们生活的需要。如头巾可防寒、护头；腰带护腰，可插柴刀、装钱；汗帕可擦汗；围裙可做包裹、小孩被毯，花带可做花边装饰，还可作为青年男女的定情物。

东山瑶族服饰头巾留有两只"狗耳朵"及腰带后留的尾巴，反映了瑶族的神犬盘瓠王文化。东山瑶族服饰五彩斑斓、绚丽多姿，身着东山瑶服的东山瑶民古朴大气，婀娜多姿。

● **全州瑶族婚礼舞**　全州瑶族婚礼舞源于瑶乡冲鼓舞（也称长鼓舞）。传说瑶族祖先盘瓠打猎被羚羊伤害，后人猎获羚羊，剥皮作鼓，击鼓踏歌祭奠祖先。冲鼓舞在瑶乡甚为盛行，人人会跳，将鼓作为民族神圣之物，置于祖宗神龛之上。

　　1959年自治区歌舞团赴京演出获得好评。在以后的多年演出中不断锤炼曲调和舞蹈，成为全州县桂剧团的优秀传统精品节目之一，多次获区、地区奖。1989年作为优秀节目搬上电视台银幕，并为赴桂林访问的一个欧洲代表团献艺演出，得到高度赞誉，成为全州瑶族的一枝艺术鲜花，名播四方。县桂剧团经常排练瑶族婚礼舞，在重大节日时演出，并积极送戏下乡演出，让更多的人了解瑶族婚礼舞，感受瑶族婚礼舞的魅力。

6. 旅游线路图

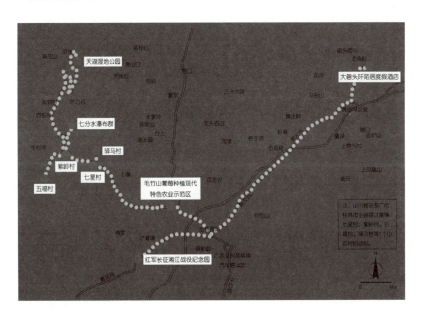

案例分析

　　● **创新模式**　谱写红色热土，发展生态旅游。全州县立足本地深厚的历史文化和优越的生态环境等资源优势，着力将丰富的自然资源转化为经济优势，把独特的红色文化转化为要素集聚优势，将各方输血式支持转化为自主造血优势，把伟大的长征精神转化为创新驱动优势，不忘初心、牢记使命，感恩奋进、砥砺前行，以"红＋绿"构建高质量发展新动能、新业态、新格局，为实现全州跨越式发展提供支持。

● **产品类型**　红色文化、田园景观、农业体验活动、农业示范区。

● **成功关键**

1. 全力推动旅游产业大发展、大跨越，使旅游产业成为推动经济转型升级的新引擎。

2. 实施"旅游＋"，促进旅游业与文化、工业、农业等产业深度融合。

3. 加强旅游营销推介，启动城市品牌设计。

八、山西省（吕梁市）文水县、交城县、汾阳市美丽田园休闲之旅

1. 特色景区

● **精品点 1：世泰湖园区**　占地面积约 1 200 亩，其中水域面积 800 亩。空气清新湿润，植物青翠繁茂，是白天鹅等多种候鸟的栖息地，已建成全国休闲农业和乡村旅游示范点、全国休闲农业与乡村旅游四星级园区、全国精品休闲渔业示范基地、全国休闲渔业主题公园，是省级湿地公园、省级水利风景区、省级休闲旅游度假区。梦幻森林有古式射箭、秋千、森林栈道等项目，还有七彩旱雪滑草和体验型的彩虹桥、浪漫秋千等；采摘园区建有观赏性的荷花池、牡丹园，还可以参观农田、菜园、梨园；垂钓

区设计一百多个钓鱼台，可让垂钓爱好者尽享乐趣；湖心岛区是餐饮住宿区域，建筑设计精心，设施与建筑物体量、高度、色彩配套，造型与园区景观环境协调。

休闲特色：休闲旅游、瓜果采摘、自然风光、美食品尝。

●**精品点 2：如金温泉**　总占地面积 2 000 余亩，位于东望卦山风景区，与驰名中外的佛教净土宗祖庭玄中寺为邻。地理位置得天独厚，还有优质的高锶温泉。如金温泉素有"太原后花园，吕梁东大门"之美誉。如金温泉的水取自地底基岩热储层，水质优良，水温常年保持在 40～42℃，沐后身体爽滑舒适。具有锶、偏硅酸含量高等特点，属于国内外罕见的富锶温泉，被称为"华北第一富锶温泉"！

休闲特色：天然温泉、绿色餐饮。

●**精品点 3：贾家庄村** 贾家庄文化生态旅游区与酒都杏花村、平遥古城相毗邻，是旅游黄金区域。贾家庄村占地 4.2 千米^2，依托地理位置和交通条件，整合旅游资源，建设起了集乡村民俗旅游、工业文化创意、农耕文化体验、红色经典教育、康体养老休闲于一体的文化生态旅游景区，是享誉全国的文明村、全国农业旅游示范点、全国全民健身户外活动营地、国家 AAAA 级旅游景区，荣获中国最美生态旅游村镇的光荣称号。

休闲特色：民俗旅游、文化创意、农耕体验、红色教育、康体养老。

2. 精品民宿

●**碛口客栈** 吕梁碛口客栈地处离石区碛口古镇银行路上，临近黄河，周围有谦光第院、要冲巷等景点，出游方便。

客栈由名家设计，客栈本身也是景点之一，靠古镇西侧，院里院外都有停车位。窑洞式房间，木门，木窗和木床风格简约别致，住宿环境干净、温馨。

3. 风味餐饮

● **柏籽羊肉** 柏籽羊肉是山西省的名特产品之一，闻名遐迩，产区在中阳侧柏山区。柏籽羊肉是一种高蛋白、低脂肪，富含游离氨基酸和多种微量元素的优质山羊肉，它食之清香，不腥不腻，极易消化吸收。

● **山西肘子** 山西人吃肘子不仅要经过煮、炸、蒸等多道烹饪环节，而且从晋北到晋南工艺相别、吃法相异，有带把肘子、干烧肘子、燎毛肘子、冰糖肘子、虎皮肘子、糖烧肘子、红扒肘子、糊肘子、酱肘子等多种山西宴席名肴。

4. 乡村购物

● **文水葡萄**　唐、宋时期，文水县即以生产葡萄著名。盛产于方圆、宜儿、武午、西城、崖底（旧崖底）等村。品种有红、白、长、圆数种。尤其瓶儿、玫瑰两种，皮薄肉嫩，味道香甜，闻名省内外。

● **交城骏枣**　交城骏枣是山西四大名枣之一，被誉为"枣后"，素有"八个一尺、十个一斤"之称。果大肉厚、质脆味甜、营养丰富、用途广泛。枣肉可提取食用香精，又可入药，有补血益气、安神养胃、健脾抗癌之功效。

● **汾阳石头饼**　汾阳石头饼是中国最古老的铁板烧食品。又称石子馍，唐代称石傲饼。经久耐储，携带方便，酥脆咸香。

● **杏花村酒**　杏花村酒，产自中国著名酒都杏花村，以清澈干净、清香纯正、绵甜味长的色香味三绝著称于世。清香的风格独树一帜，成为清香型白酒的典型代表，自1953年以来，连续被选入全国"八大名酒"之列。

5. 乡村民俗

● **中阳剪纸**　山西省中阳县位于黄河中游黄土高原的吕梁地区。这一带民俗文化积淀极为深厚，保留着许多原生态的人文资源，由此形成中阳剪纸这一古老的民俗文化内涵与艺术形态。中阳剪纸主要分布于中阳县境内南川河流域、刘家坪地区和西山山区。南川河流域的剪纸风格细腻、古朴典雅，在中阳剪纸中占据主流地位。刘家坪的剪纸风格纯朴、刚健，西山边远地区的剪纸风格粗犷、浑厚，与南川河流域剪纸的主流风格相近又不同。

● **临县道情戏**　山西临县地处黄河中游、吕梁山西侧，隔着黄河与陕西省佳县、吴堡县相望。临县道情戏是由说唱道情演变而成的地方戏曲剧种。主要流行在晋西北的临县以及吕梁山沿黄河一带。说唱道情在宋、元时就有活动。在清道光年间演变成为戏曲剧种，1960年成立了国营道情剧团。时至今日，临县道情戏一直是晋西人民喜爱的民间艺术形式。

● **碗碗腔** 碗碗腔流传在孝义市及周围市县。碗碗腔有两种声腔：皮腔和碗碗腔。两种声腔均来自孝义皮影戏，即纸窗皮影唱皮腔及纱窗皮影唱碗碗腔。皮腔唱腔有两种形态：一种为四句体，有"起承转合"的结构，艺人多称之为"平板（慢板）"，加锣鼓点的被称为"流水"；另一种是可以多次反复的上下句唱腔，艺人称之为"垛板"。

6. 旅游线路图

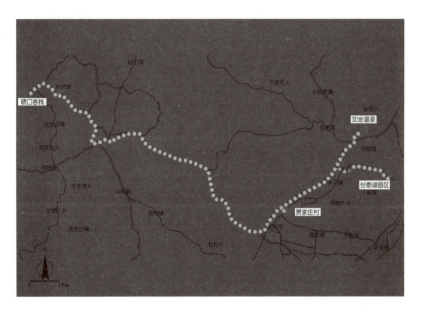

案例分析

● **创新模式** 生态田园，文旅融合。吕梁市打造了以自然风光游为特色的旅游景点，如世泰湖园区、卦山风景区等；以黄河古镇游为特色的碛口旅游景区；以杏花村汾酒厂、太符观为主的酒都文化游；还开发了一系列红色旅游线路，如红军东征纪念馆、"四八"烈士纪念馆等。打造"贾家庄村"等龙头品牌，在此基础上加快实现黄河现代化文旅融合板块的建设。

推动农村旅游业集群化发展，使农村成片发展，连点成线，连线成片；推动大项目发展，深入挖掘内涵，突出地方特色，形成地区规模，从而把农村旅游项目培育成"名片"；坚持项目独特化发展，由大众化向独特化转变，由普通的观光向"观光＋体验＋参与＋休闲"转变。

- **产品类型** 自然风光、文化创意、绿色餐饮。
- **成功关键**

1. 细致分析农村田园文化以及环境优势，突出农村特色，淡化城市风格，增强农村旅游的乡土气息。

2. 加快农村旅游项目建设，以集群化和特色化为发展目标。

3. 支持自然风景和农产品的开发和保护，打造一批有知名度的品牌，提升品牌意识，增强品牌影响力，从而促进区域旅游产业的整体发展。

九、重庆市大足区　荷韵原乡亲子游

1. 特色景区

- **精品点 1：大足石刻** 大足石刻在唐、五代、宋时凿造，明、清两代亦继续开凿。现为世界文化遗产，世界八大石窟之一，国家 AAAAA 级旅游景区，是人类石窟艺术史上最后的丰碑。重庆市大足区的石窟群有佛、道、儒三教共 75 处 5 万余尊雕像，其中以北山、宝顶山、南山、石门山、石篆山石窟最具特色，尤以宝顶山和北山摩崖造像最为著名，还建有大足石刻博物馆。

休闲特色：人文景观、民俗文化。

● **精品点 2：十里荷棠·山湾时光**　位于著名的世界文化遗产——大足石刻景区旁边。以荷花山庄为核心，主要打造湾内的大足太空荷莲、香国海棠景观产业、特色民宿等旅游业态，集520个太空荷花品种观赏、25道荷花宴品尝、鲤鱼灯舞表演、有107件古典雕花龙床的古床博物馆参观、5个大型明清牌坊鉴赏等乡村文化休闲旅游项目为一体，特别是乡村民宿独具特色。2003年成为西南农业大学（现西南大学）水生花卉科研教学基地，建立了中国西部荷花种质资源圃。2014年12月创建了国家AAA级景区，成为荷花航天育种示范基地，被评为全国农业旅游示范点。十里荷棠·山湾时光是大足石刻文化公园重点项目，种植荷莲、海棠1 000亩，有特色民宿15家。

休闲特色：荷花鱼系列、荷叶粉蒸系列等特色美食。

●**精品点 3：龙水湖欢乐水世界**　坐落于龙水湖旅游度假区，占地 3 万多米²，背靠 35 千米²的玉龙山国家森林公园，依托 5 300 亩龙水湖国家级水利风景区。水乐园位于温泉水世界内，总投资 1 亿元，拥有海浪池、大滑板、巨蟒惊魂、山顶滑道、激情水寨、漂流河、大喇叭、巨兽碗、飓风眼、极速冲刺等 11 种游乐设施。园区以大足石刻深厚的文化底蕴为基础，结合本土的神话传说，构想出以"寻龙"为主题的故事线，并以此为据进行水乐园的场景包装，大量人造仿真景观营造出古代东方神话的意境，再加上根据主题故事打造的仿真古代大船"寻龙号"和故事中各类人物和龙族的仿真人偶，创建优质的主题水乐园。

　　休闲特色：亲子休闲、避暑纳凉。

2. 精品民宿

●**重庆和悦庄客栈**　重庆和悦庄客栈位于南岸区南坪西路，距离工贸地铁站（3 号线）约 728 米，距铜元局地铁站（3 号线）约 907 米，距长江村公交站约 190 米，可乘坐多路公交车。

　　和悦庄客栈是由曾经的圆觉寺精心改造而成的四合院，青砖石瓦，有亭台水榭楼阁。整个四合院被绿植覆盖，是使人身心俱洁的清凉世界，将宾客带到悠悠的历史长河之中。以中国传统词命名的 10 余间房，布置宽敞舒适、古朴典雅别致，呈现古典与现代的完美碰撞。不同房型均配有品茶休闲区、会客区、娱乐区等。

3. 风味餐饮

● **重庆火锅** 作为"重庆十大文化符号"之首，重庆火锅兼具地域文化、高知名度、美味和营养价值，已成为重庆美食的代表和城市名片，深受人们的喜爱。重庆火锅以麻辣鲜香见长，汤色红亮，选料更是包罗万象，翻滚的汤底和腾腾的热气使人食之畅快淋漓。

● **小面** 小面发源于重庆，是重庆的四大特色之一，也是重庆人不可或缺的早餐。小面品种丰富，按照是否有臊子来区分。小面的佐料是重中之重，其中"油辣子海椒"堪称重庆小面的灵魂，好的辣椒油色泽红亮、香味醇厚，使得小面的口味非常丰富。

● **抄手** 抄手是地道的重庆美食，因形似人两手交叉抱臂的动作而得名。重庆的抄手形状与元宝相似，外皮厚实、肉馅丰富，种类众多，有干拌抄手、清汤抄手、红油抄手等。热气腾腾的抄手口感香滑细腻、爽滑筋道，为大众所喜爱。

4. 乡村购物

● **大足黑山羊** 主要分布于全县 20 个村、乡镇，集中在铁山、季家、珠溪 3 个黑山羊保种中心区域内。大足黑山羊是一种肉用性能较高的山羊良种，全身纯黑，体型较大，生长发育快，3～4月龄羔羊体重可达 15 千克以上；繁殖性能强，多胎率较高，产羔率平均在 270%；遗传性能稳定，羔羊成活率高、抗病力强。

- **大足冬菜**　大足冬菜是重庆市大足区的特产。大足冬菜是芥菜嫩尖经 2、3 年腌制而成，清香异常，味道鲜美，质地嫩脆。获国家地理标志证明商标。

5. 乡村民俗

- **川江号子**　川江号子的历史极为悠久，在四川各种劳动号子中最具特色。重庆、四川自古便善于利用舟楫，历代史籍对此多有记载。在沿江两岸陆续发掘出土的新石器时期的"石锚"、东汉时期的"拉纤俑"等文物都印证了川江水路运输行业的久远历史。而川江两岸的人文地理、风土人情、自然风光以及船运中的以歌辅工之俗，无论在民间歌谣还是在杜甫、李白等文人的诗歌中都是久用不衰的题材。学术界普遍认为川江号子是长江水路运输史上的文化瑰宝，是船工们与险滩恶水搏斗时用热血和汗水凝铸而成的生命之歌，具有传承历史悠久、品类曲目丰富、曲调高亢激越、一领众和等特征。

6. 旅游线路图

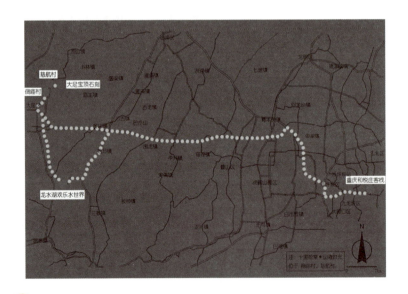

● **创新模式**　依托知名景区，打造配套休闲农业品牌。在世界遗产大足石刻周边，着重打造三大旅游品牌，即以宝顶山、北山、昌州古城为核心建设规划面积 160 千米² 的大足石刻人文大景区，以龙水湖、玉龙山为核心建设规划面积 16 千米² 的国家级旅游度假区及养生养老示范基地，以棠香人家、观音岩等为核心建设乡村旅游环形景区，推动单一观光旅游向复合型旅游转变。

● **产品类型**　民俗文化、人文景观、风味餐饮。

● **成功关键**

1. 依托知名景区，打造周边旅游度假区及养生养老示范基地。

2. 大足以石刻为核心，以亲子为中心，以休闲为重心，建设综合特色荷韵原乡亲子游。

3. 举办展览、组织讲座，以提升大足知名度和美誉度，不断强化品牌影响力。

十、 新疆克拉玛依市乌尔禾区　乌尔禾镇自驾探险游

1. 特色景区

● **精品点 1：白杨河大峡谷**　白杨河大峡谷是典型的雅丹地貌和峡谷风光景区。白杨河峡谷从白杨河水库至乌尔禾的河段近东西走向，长 24 千米，一般宽 400 米左右。河谷中水面宽 5～10 米，河水多曲流，沿谷地蜿蜒而下。水流两侧植被丰富，覆盖度达 60%，胡杨占乔木的 90% 以上。大峡谷陡峭的谷壁巍然挺立、鬼斧神工，令人心旷神怡。河谷地林木茂密，河水蜿蜒，风景优美，

夏季气温明显低于周围地域，是休闲摄影、避暑度假的好去处。

休闲特色：休闲观光、避暑度假。

● **精品点 2：白杨河大峡谷原始胡杨林**　主要分布在百口泉、乌尔禾和距市区 30 多千米的小拐地区，是我国西北地区最大的自然林区之一，位于乌尔禾区境内，有峡谷胡杨、原始胡杨、万亩胡杨。胡杨树是我国西北地区有区域标志性的树木，是中亚腹地荒漠中唯一的乔木。胡杨林高大茂密，林内有野兔、黄羊、松鼠等多种动物。漫步在这一片胡杨林中，仿佛步入了一个金色的童话世界，仿佛行走在恬静迷人的油画之中，是最佳的摄影、写生圣地。

休闲特色：田园风光。

● **精品点 3：世界魔鬼城**　地处中国第二大盆地——新疆准噶尔盆地西北缘，距克拉玛依市 100 千米，面积 260 千米^2，由雅丹地貌核心区、石油工业旅游区、金丝玉探宝区、沥青矿体验区、兵团屯垦旅游区、艾里克湖生态区、胡杨林观赏区七大旅游区构成。世界魔鬼城景区与丝绸之路西域文化交相辉映，彰显大美新疆魅力，是自然观光、徒步探险、科普研学、休闲度假等的胜地，被评选为中国最瑰丽的雅丹、中国最值得外国人去的 50 个地方之一、国家 AAAAA 级旅游景区、"美丽中国"十佳旅游景区。

　　休闲特色：自然观光、徒步探险、科普研学、休闲度假。

● **精品点 4：国际房车露营公园**　位于民俗竞技场内的空地区域，交通便利，依托良好的交通和集散功能，将周边丰富的旅游资源、产品进行整合串联，纳入营地体系中，按"国内一流、国际领先"的标准打造。公园内含住宿营位 298 个，其中高端木屋营位 240 个，精品房车营位 18 个，野奢帐篷营位 20 个，轻奢集装箱营位 10 个以及 2 种极具特色共 10 个住宿单体的集装箱综合体，同时具备背包客帐篷露营位数十个。公园能满足车主的生活补给、休息娱乐、野外烧烤以及露营的需求，是集景区、娱乐、生活、服务于一体的综合性旅游度假场所。

　　休闲特色：休闲度假、露营体验。

● **精品点 5：海棠林**　乌尔禾镇宝葫芦海棠生态林是当地群众和干部种植的民族团结林，俯瞰图呈"葫芦"状，有着福禄、平安的寓意。有玫瑰、海棠、紫叶稠李、月季、金叶榆、菊科花卉、五角枫、天山祥云等观赏苗木及花卉，搭建有大门、木栈道、木屋、值班房、木质广场、凉亭、公厕等建筑物。目前，海棠林内架设有游览步道和景观廊，有赏花拍照、果蔬采摘、真人 CS、婚纱摄影、花海迷宫等体验项目，会不定期在此地举办如农民丰收节等民俗活动。

休闲特色：赏花观光、果蔬采摘、婚纱摄影、花海迷宫等体验项目。

2. 精品民宿

● **克拉玛依海棠别院**　位于北疆石油名城克拉玛依市"金丝玉之乡"乌尔禾区，附近有奎阿高速、217 国道，是新疆自驾旅行必经之地。园区内高耸的长生帐演绎场夜间灯柱直冲天际，八匹马酒吧街白天的小桥流水和夜晚的美味佳肴让人流连，扬州会馆独具特色的白墙青瓦和江南民宿让你远离城市喧嚣，沙漠风民宿狂野奔放且独具西域风情，这里既能体验星级酒店的舒适，又能感受浓厚的自然和人文景观，可以尽情享受乡村宜人风光。在乌尔禾，AAAAA 级世界魔鬼城萧萧的风声在诉说着古老的故事，摇曳的芦苇描绘着艾里克湖的美丽画卷，千年不倒的胡杨林屹立着不朽的精神，近在咫尺的大秦影视城、宝葫芦海棠林、白杨河大峡谷等景区驱车 20 分钟即可到达。

● **克拉玛依凉皮**　克拉玛依的凉皮和面皮做法类似，只是汤以及配料完全不一样，味道自然不同，完全是克拉玛依风格。一般的凉皮是干拌的，而克拉玛依的则是加了汤的，汤料的制作方法也蛮讲究。加入一般凉皮会用的基本佐料，再浇上精心调制的汤之后，味道香浓。

● **新疆牛肉丸子汤**　牛肉丸子汤是新疆美食中一道美味回民小吃。丸子要用嫩牛肉，油炸后，放入炖好的骨头汤内，与粉块、粉条、豆腐、蘑菇、菠菜等辅料一起煮制。配以回族特色香软的油塔子和小菜，是新疆人非常喜爱的一道美食。

● **红柳烤肉**　羊肉切成大块，经过腌制，串在手工制作的红柳木签上，用新疆特有的烤制方法进行烧烤，一种纯自然的气息扑面而来。吃一口，鲜香细嫩。

4. 乡村购物

● **无花果**　无花果含有较高的果糖、果酸、蛋白质、维生素等，有滋补、润肠、开胃、催乳等作用。它在塔里木盆地大量栽培，以阿图什种植最多。果子甘甜多汁，味道芳香，堪与岭南香蕉和奶油椰丝比美，除直接食用外，还可做果干和果酱。

● **乌尔禾垦区白兰瓜**　自20世纪90年代初引进白兰瓜后，就以肉厚细嫩、瓜味甘甜、汁液丰富、香气浓郁并富含人体必需的多种营养元素等独特优势，享誉乌鲁木齐、阿勒泰、塔城、克拉玛依等城市。经过近20年的产业化经营，乌尔禾垦区白兰瓜已成为区域特色产品和最具有竞争优势、最有发展潜力的产品。乌尔禾垦区白兰瓜还出口到哈萨克斯坦等周边国家。

5. 旅游线路图

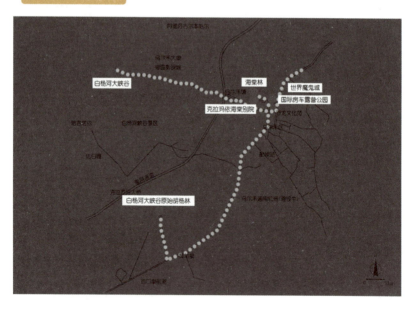

● **创新模式** 特色农产品品牌化，运营沙漠露营产品。建成以石油文化、干旱区荒漠景观等旅游资源为依托，以魔鬼城、石油城、荒漠自然保护区、观光农业等为主导产品，大力发展沙漠自驾露营等旅游产品，迎合城市年轻人自由度假的需求，建设具有新疆沙漠特色的旅游区。

● **产品类型** 自然地貌、露营度假、跨界美食。

● **成功关键**

1. 突出景观资源特色，充分展示雅丹地貌和其他地质奇观。

2. 重视资源保护，维持地貌原状。

3. 重视人工化的度假露营设施建设，将乌尔禾建成一座集食、住、观、游、娱为一体的特色乡村旅游城。

第五章　秋季乡村旅游线路

一、北京市通州区　彩蝶部落休闲农业游

1. 特色景区

● **精品点 1：摩登家庭农场**　成立于 2009 年 8 月，总占地面积 206 亩，临近京哈高速公路、京塘公路，交通十分便捷。农场以休闲家庭农业教育为主题，以亲子教育、科普教育、养老康养为主体特色，打造现代化休闲农业。农场建有百花百果园，不使用化肥、农药。为促进两岸精品农业交流，引进种植台湾特色的高山高丽菜、九层塔、优质白玉苦瓜、澎湖丝瓜、特大胡瓜、空心菜等约 60 个品种，已成功种植多年。农场借鉴台湾农业一、二、三产业融合发展模式，增加农业文创、农创萌宠乐园项目，打造都

市里的世外桃源。

休闲特色：亲子教育、科普教育、民俗体验、乡村美食、养老康养。

● **精品点 2：北京胖龙花木园艺有限公司** 集国际精品园林植物种质资源收集保存、应用展示、推广、科研和植物文化探索于一体，拥有面积 70 亩的植物标准化生产和应用展示区，有 1 000余亩规模化苗圃，以及 1 500 余种乔灌草、香草、药用植物等。公司开展观光旅游、自然科普教育、文创活动、农事体验、深度自然体验、森林康养等农业旅游项目，创建观光旅游、帐篷露营、森林康养等有益身心健康的活动，是全国中小学生研学实践教育基地和北京园林绿化科普基地。

● **精品点 3：良冠花卉精品园** 占地面积 270 亩，主营蝴蝶兰，还有绿色蔬菜，现有室内接待面积 3 万米^2，可进行文化、艺术交流，还有会议沙龙、参观手工艺创作讲座。游客可参观近百亩千年古树群，赏食百合，采摘绿色无公害蔬菜，畅游菊花、芍药等花海，参观学习中国古典家具制作流程，观赏名人字画，名俗剪纸、衍纸、手编绳艺、纺线、织布、扎染等，在田间亲自体验采摘的乐趣。

休闲特色：民俗文化、科普教育、观光休闲、农事体验。

2. 精品民宿

● **Tiezhu Party Holiday House**　位于通州区，提供公共休息室和免费 WiFi，这家家庭式住宿提供带电视的休息区以及带拖鞋、吹风机和淋浴设施的私人浴室。部分房间配有庭院和湖景、河景阳台，以及花园、烧烤设施和阳光露台。

3. 风味餐饮

● **大顺斋糖火烧** 相传在明朝崇祯年间，有个叫刘大顺的回民，从南京随粮船沿南北大运河来到了古镇通州，也就是今天的通州。刘大顺见通州镇水陆通达，商贾云集，是个落脚谋生的好去处，便在镇上开了个小店，取名叫"大顺斋"，专门制作销售糖火烧。沿至清乾隆年间，大顺斋糖火烧已经远近闻名。为保持传统特色，大顺斋的糖火烧在选料制作方面相当讲究，制作火烧的师傅们坚持面要用纯净的标准粉，油要用通州的小磨香油，桂花一定要用天津产的甜桂花，必不可缺的红糖和芝麻酱，也专购于一地，绝不含糊。这座百年老店之所以经久不衰，在于它货真价实，取信于民。

4. 乡村购物

● **通州大樱桃** 通州大樱桃，种植于永定河、潮白河冲积平原，以运河水浇灌，用先进技术精心栽培，果实珠圆玉润，红艳饱满。

● **通州腐乳** 质地细腻，芳香扑鼻，别具风味，从 20 世纪 20 年代起，就享誉京畿，畅销北京。凡走运河水路转道通州的官民商旅，多数都会买点"通州腐乳"，从而将之带到四面八方。时间一久，"通州腐乳"便声名远播。

5. 乡村民俗

● **通州运河龙灯** 通州运河龙灯是特有的传统龙灯，已有 300 多年的历史。一般龙灯的龙头为圆形，而县运河龙灯的龙头为方形。

通州是京杭大运河的北起点，所以融会了南北龙灯的特点，形成其独特的风格。现已光荣退休，被国家博物馆收藏，身分 7 节，身长 17 米，仅一个龙头就重 10 多千克。

● **通州运河船工号子** 通州运河船工号子是指通州到天津段运

河（即北运河）的船工号子。它是运河船工为统一劳动步调、增加劳动兴趣、提高劳动效率而创作的民歌。运河船工号子的渊源，如今只能根据演唱者的回忆追溯到清朝道光年间。它是以家庭、师徒、互学的方式传承至今的。

通州位于北京市东南部，是京杭大运河北起点，早在秦代就有漕运活动。元明清三代，定都北京，漕运进入了鼎盛时期。当时，每年运粮漕船 2 万余艘，首尾衔接数千米，伴随浩浩荡荡宏伟船队的，是此起彼伏、气势磅礴的号子声。光绪末年，漕运废除，通州码头优势逐渐消失，但运河上民间的客货运输直到 1943 年因运河大旱断流时才停止。至此，与漕运共兴衰的号子也从大运河上消失。但是船工号子因有传人，依然流传至今。

6. 旅游线路图

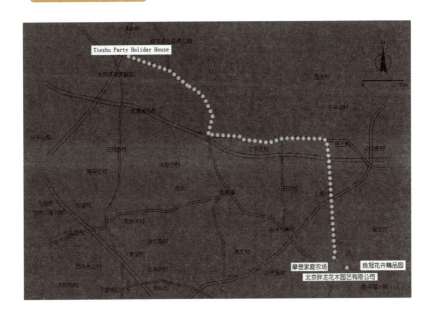

●**创新模式**　围绕城市副中心，打造高科技乡村旅游。通州区作为北京城市副中心，在行政功能外以特色小镇、艺术创意区作为两大出发点，全力打造以高科技休闲农业为核心，以中国原创艺术为特色，具有国际影响力的特色艺术创意小镇。

作为以"生态休闲特色小城镇"为主的通州区，将以"新城镇＋"模式为统领，充分发挥历史文脉、生态水脉、经济动脉的作用，以提倡"慢生活"为经营理念，以"高科技乡村旅游"为主导产业，以丰富森林、湿地等资源孵化生态度假业态，以农耕、历史等资源孵化体验修学旅游业态。

●**产品类型**　高科技农业、科普教育、特色小镇、民俗体验。

●**成功关键**

1. 打造以艺术、民俗、生态为主的休闲特色小镇。

2. 主打以亲子教育与慢生活为主的文化创意产业园。

3. 利用城市副中心延长线的便利交通，吸引城市以及周边人群。

二、河北省（张家口市）怀来县　果蔬采摘生态休闲游

1. 特色景区

●**精品点 1：桑干酒庄**　始建于 1978 年，坐落于酿酒葡萄黄金生长带的桑干河流域，是国内葡萄酒行业建园最早、规模最大、树龄最长、品种最全、起点最高的国际化酒庄。酒庄以自身特点为优势，集生产、种植、科研、办公、旅游、住宿、采摘于一体，

以带动周边产业发展为责任，推出"极致葡萄酒体验"，引导游客在品尝美酒佳酿的同时，也能感受中国特色的酒庄文化。酒庄荣获国家五星级休闲农业园、省五星级休闲农业园、省现代农业十佳园区等多个荣誉称号。

休闲特色：葡萄主题文化、葡萄采摘、葡萄酿酒。

● **精品点 2：中国怀来·世界葡萄酒之窗**　位于长城桑干酒庄北侧，总布展面积 4 923 米²，总建筑面积为 5 800 米²，围绕"中国波尔多"的建设主题，以传播世界葡萄酒文化为主题、以线上线下交易平台功能为主线，具备文化博览、品鉴交易、商贸活动、论坛培训、科技成果转化、餐酒文化推广六大功能。内部包含常设展厅、临时展厅、多功能厅、品酒休闲区、文创品牌店、餐饮区和综合商务区，集中展示怀来在葡萄产业发展方面的建设成果，搭建面向世界的葡萄酒文化展示交流平台，推动怀来实现葡萄产业三产融合。

休闲特色：文化博览、品鉴交易、科普教育。

● **精品点 3：丰禾葡萄采摘园**　坐落于怀涿盆地，紧邻桑干酒庄和国家湿地公园，是集科研与苗木生产、果品生产、农业休闲观光于一体的综合企业。在发展葡萄苗木和种植葡萄方面有着得天独厚的资源优势。园内建有 3 万多米²的智能温室和设施日光温室，夏黑、阳光玫瑰、黑芭拉多、红芭拉多、温克、光系列等 20

多种鲜食葡萄年产量达数万千克。2020 年，园区被评为河北省四星级休闲农业采摘园。

休闲特色：生态观光、休闲采摘。

● **精品点 4：怀来官厅水库国家湿地公园** 占地总面积 20.3 万亩，其中湿地面积 19.6 万亩，占总面积的 96.6%。公园以保护官厅水库及永定河上游流域湿地生态环境为主，既是环首都生态圈的重要组成部分，更是连接东亚至澳大利亚候鸟迁徙的重要驿站。湿地类型包括永久性河流湿地、洪泛平原湿地、库塘湿地、水产养殖场和稻田等五种较齐全的复合型湿地。公园开放的景点有西部牧场、塞上江南、五彩瑶湾、镜湖翠影、芦荡飞雪。

休闲特色：科普教育、自然观光、休闲游憩。

● **雲山居**　位于怀来，配备带免费 WiFi 的山景客房，配有餐厅、酒吧和共用休息室。这家民宿提供免费私人停车位和共用厨房，提供 2 间卧室、1 间浴室、床上用品、毛巾、平板电视、用餐区、设施齐全的厨房以及花园景观庭院。供应亚洲风味早餐，配备花园和露台。

3. 风味餐饮

● **烧南北**　"烧南北"是河北张家口市一种传统风味菜肴。所谓烧南北，就是以塞北口蘑和江南竹笋为主料，将它们片成薄片，入旺火油锅煸炒，加上一些调料和鲜汤，烧开勾芡，淋上鸡油即成。此菜色泽银红，鲜美爽口，香味浓烈。

● **柴沟堡熏肉**　塞外古镇怀安县柴沟堡镇的特产，已有 200 多年的历史。据传说，慈禧太后与光绪皇帝西逃时，驻足柴沟堡，品尝熏肉，称其为精美的佳肴。柴沟堡熏肉的品种很多，现在行销的有熏猪肉（五花肉、猪头、猪排骨、下水）、熏羊肉、熏鸡肉、熏兔肉、熏狗肉等。那些有异味的肠肚，经过熏制成了色正、味美、质优的上等佳肴。尤其刚出锅的熏肉，红紫紫、颤巍巍、亮光光的肉皮上冒着晶莹的小油泡，皮烂肉嫩，喷香可口。

4. 乡村购物

● **沙城长城葡萄酒**　怀来已有 800 多年种植葡萄的历史。所产白牛奶、龙眼葡萄闻名遐迩。1976 年怀来被定为国家葡萄酒原料基地，是改革开放以来，我国高档葡萄酒的生产基地。由食品发酵所和中国长城葡萄酒有限公司（原沙城酒厂）进行的轻工业重点科研项目"干白葡萄酒新工艺的研究"，于 1983 年12 月通过了国家科学技术委员会的鉴定，经过与国外同类高档酒进行对比品尝，大家一致认为，葡萄酒样达到了国际水平。1979 年轻工业部又在此进行了"酿酒葡萄优良品种选育"等工作，并取得了可喜的成绩。经过 20 多年的建设，目前全县已有葡萄园 8 万多亩，其中龙眼 40 105 亩，年产量 42 635 吨，酿酒品种赤霞珠、蛇龙珠、梅鹿辄、雷司令、霞多丽等 30 164亩，产量 20 079 吨。

● **石洞彩苹果**　张家口怀来县小南辛堡镇石洞村的彩苹果已有2 000 多年种植历史。1958 年成为国宴水果，周恩来总理为该村题写"中国彩苹果第一村"。目前，全村种植面积约 320 亩，年产约3 万千克，果品远销京津冀蒙。

5. 乡村民俗

● **怀来九曲黄河灯**　九曲黄河灯也称作黄花灯。据当地村民介绍，此灯阵出现在商周时期，距今已有 3 000 多年历史，相传为姜子牙大破神仙阵时所创。

九曲黄河灯的制作和施工很烦琐，每年农历正月十四开始，至农历正月十六结束，多由村民自愿参加，大家一起动手，一般 3～5 天可制作完成。先用一人高的高粱秆捆成 360个灯把子，然后按照九宫图谱，依金、木、水、火、土五行排列，竖栽在固定的灯场上，形成一条曲折迂回的道路，俗称九街十八巷。在出入口的地方筑成灯门楼，每个高粱把子顶端放置灯碗，内注麻油，油中浸一油捻，用红、黄、蓝色彩纸裱成灯罩。入夜，所有灯盏一同点燃，条条街巷展现眼前，游人便可从入口处进去游逛，故称为逛灯。因一路曲折多变，逛灯人常常迷路，在灯场中心立一盏巨灯，称"万年灯"，游人争相抚摩，以求长寿。

6. 旅游线路图

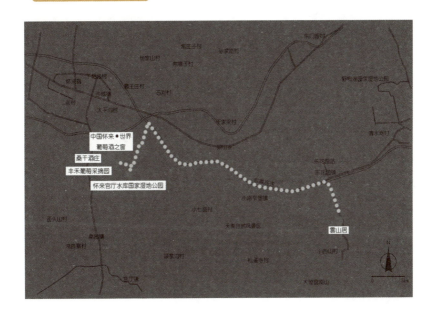

案例分析

●**创新模式**　打造中国红酒特色生态旅游示范区。建设以葡萄种植生态农业示范区、文化新城为重点的旅游集散区，同时以生态湿地为重点建设官厅湖畔休闲观光区。大力发展文化产业，推动文化产业与旅游、农业、体育等产业融合。

怀来县形成了以保护官厅水库为核心，构建"一湖三圈"的空间发展布局。其中，第一圈层为官厅水库国家湿地公园；第二圈层为葡萄温泉文旅产业带；第三圈层为组团的工业、商业和城市居住功能区。怀来县通过大力发展葡萄种植采摘、温泉旅游和精品民宿等，推动一、二、三产业融合发展。

● **产品类型** 休闲采摘、旅游观光、科普教育。

● **成功关键**

1. 打造地理标志农产品，形成以"葡萄、数字经济、文旅康养"为内容的绿色主导产业。

2. 建设庄园、博览中心等，设置科普基地吸引亲子市场，发展葡萄相关文创产业。

3. 以生态环境为基，以本地文化为本，以休闲度假功能为主导，以产业融合为手段，以高品质服务为保障，发展集休闲、度假、体验、文化、采摘于一体的区域综合开发项目，是河北省特色旅游区新典范。

三、上海市金山区　花果金山·醉美乡村之旅

1. 特色景区

● **精品点1：花开海上生态园** 花开海上生态园是上海最大农业花海主题生态园。园区根据四季不同的农业花卉景观，打造出花海、梅花、樱花园、秋景园四大园区，三季有花，四季有景。生态园充分利用"溪流、小桥、小岛、丘陵"等设计元素，引入秀州塘的活水，打造"花开海上、水漾花影"的浪漫农业景致。生态园是金山区科普教育基地，每月定期开展公益科普活动，如"多彩的叶子""花儿为什么那样红""圣诞花环"等，受到众多家庭的喜爱。

休闲特色：田园观光休闲、农事体验、科普教育。

●**精品点2：明月山塘景区**　地跨沪浙两省，处于上海廊下郊野公园的核心区域，景区面积约 400 亩，有山塘老街、琼璞文化苑、毗邻党建展示馆、平安工作站、钵子书馆、半亩方塘等 10 余个景点，打造集古镇风韵、田园风光、文化体验、休闲生态、旅游度假、现代农业观光及深度参与、综合服务于一体的"明月山塘"跨省景区。清代顺治年间，山塘老街已具雏形，逐步形成集市，至今已有 400 多年历史。山塘村是集古镇风韵、田园风光、休闲生态、旅游度假于一体的生态新农村。

休闲特色：古镇风韵、旅游度假、生态休闲。

● **精品点 3：廊下生态园**　位于上海廊下郊野公园旅游核心区域，是国家 AAA 级景区。以"廊下姚家"为文化背景，以廊下生态农业为基础，通过莲湘广场、铃廊、江南农具馆、三段六间传统小吃街等展区，集中展现廊下传统民俗、农耕、饮食文化，再现当年姚家长廊集市的繁荣景象。农家小院、荷花馆等展区为游客提供亲近田园、菜地采摘、乡村烧烤等休憩、互动体验，大地景观区以观赏型农作物或植物展现了廊下的田园生态风貌。

休闲特色：生态休闲观光、农耕文化体验。

● **精品点 4：吕巷水果公园**　位于金山区中西部，是一座集生态示范、生产创收、科普教育、赏花品果、采摘游乐、休闲度假于一体的开放式水果主题公园。吕巷水果公园被誉为"中国蟠桃之乡"，随着"皇母"蟠桃品牌影响力的提升，带动了各类果蔬的种植和扶持力度。园内有 35 种特色水果，如蟠桃、葡萄、蓝莓、樱桃、哈密瓜、火龙果、草莓等，季季有特色，月月有瓜果，一年四季瓜果飘香。

休闲特色：赏花品果、生态休闲、蟠桃采摘。

● **精品点 5：水库村**　位于漕泾镇郊野公园的核心区域，是乡村振兴示范村，村域面积 3.66 千米²。村内有 70 多个独岛、半岛，呈现"河中有岛，岛中有湖"的景象，主要河道水质常年保持在Ⅲ类水标准。全村以"水＋园""水＋岛""水＋村"为主题建设，打造"走出家门就是公园"的生态体验型郊野公园。村庄依托特有的自然资源禀赋，大力发展水产养殖、水稻种植和西瓜、柑橘等经济作物种植。

休闲特色：乡村观光、休闲体验。

● **上海圣淘沙万怡酒店**　位于上海奉贤区，住宿距离上海交通大学 19 千米，距离棕榈滩高尔夫俱乐部 19.2 千米，距离最近的机场浦东国际机场 64 千米。

每间客房均提供平板有线电视。部分客房配有休息区，供客人放松身心。客房均提供水壶、私人浴室、拖鞋以及免费洗浴用品。住宿提供 24 小时前台服务、健身中心和室内游泳池。

3. 风味餐饮

● **上海阳春面**　又称"清汤光面"，是上海的一大特色，说来话长。这话"长"要长到秦始皇的时候，秦始皇统一了度量衡，也统一了历法，以夏历的十月为正月，这个月又称春月。十月和阳春的关系，后来被用到了上海的切口中。过去这种面，每碗卖十文钱，"阳春"就是"十"，乃是贩夫走卒之食，因为光面不好听，于是用价钱代面名，便成了"阳春面"。另外有种说法是从"阳春白雪"而来，这光面什么都没有，这白雪也是什么都没有，于是成了面名。

● **枫泾丁蹄** 已有一百多年历史。它采用黑皮纯种"枫泾猪"的蹄子精制而成。这种黑皮猪骨细皮薄，肥瘦适中。丁蹄煮熟后，外形完整无缺，色泽红亮，肉嫩质细。热吃酥而不烂，汤质浓而不腻；冷吃喷香可口，另有一番风味。

4. 乡村购物

● **金山蟠桃** 金山区地处杭州湾畔，位于沪、杭、甬及舟山群岛经济区域中心，是上海市的西南门户，地理位置独特而优越，全区面积 586 千米^2，下辖 1 个街道 9 个镇 2 个工业区。区域生产面积 4 000 公顷，产量达 10 000 吨。

● **枫泾黄酒** 枫泾是目前上海地区唯一的优质黄酒产地。1939年，上海浦东的苹源、康记、福记三家酒坊合并迁来枫泾，成立了苹康福酒厂（坊）。1979 年定名为上海枫泾酒厂。多年来，枫泾一直是黄酒的重要产地。

5. 乡村民俗

● **金山莲湘** 打莲湘是一种民间舞蹈，具有浓厚的民族文化气息，全国许多地方有打莲湘活动，素有"南柔北刚"之说。"金山廊下打莲湘"，廊下是金山莲湘的发源地，已有 100多年历史。

廊下打莲湘的动作轻快、明朗，节奏感强，主要有交齐、转棒、敲肩、打地、对打转身等基本动作。敲击肩、腰、背、臂、肘、两手、两膝、两足等部位和穴道，可以达到舒筋活血的功效。同时，敲击时振动铜钱作响，再配上音乐、唱词，有丰富的节奏变化，既锻炼了身体，又愉悦了身心。打莲湘者，多数为女性，初时穿家常衣服，逐步发展到统一服饰。如穿大花对襟衣，围小围兜，戴顶头手巾等，乡土气息甚浓。

6. 旅游线路图

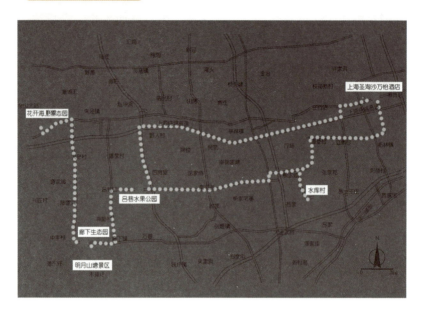

案例分析

● **创新模式** 花果飘香，生态湾区。充分利用良好的农业资源不仅保证了游客对于金山乡村旅游的观光需求，同时也保证了游客对采摘、务农等体验的需求。此外，依托乡村旅游调整金山农业用地的利用率，创造更好的生态环境，吸引了更多乡村旅游游客。

当地乡村承接上海市区文明辐射，发挥金山邻近大海的地理优势，在提倡敬畏生命、珍爱健康的新时代，用科技赋能健康，用生态保障健康，重视健康理念，发展健康产业，筑牢健康长城，把金山区塑造成为长三角健康型城市品牌。

● **产品类型** 赏花品果、生态休闲、乡村观光。

> **● 成功关键**
>
> 　1. 对金山优秀民俗文化资源进一步利用并加大宣传，形成更多更具魅力的乡村农家乐。
>
> 　2. 保留金山独特的文化魅力和乡土特征，避免同质化，把重点挖掘文化内涵与文化特色作为发展乡村旅游的关键点。
>
> 　3. 开展丰富的节日活动，如金山蟠桃节、廊下莲湘文化节等，展现金山乡村节日的文化特色。

四、江苏省苏州市吴江区　长漾品"香"休闲康养游

1. 特色景区

　　● 精品点 1：开弦弓村　交通便利，总面积 4.5 千米²。开弦弓村又名"江村"，是费孝通教授进行长期社会调查的基地，是中外学者了解和研究中国农村的窗口。费孝通教授从 1936 年"初访江村"开始，曾先后 26 次访问江村，写下了《江村经济》《重访江村》《小城镇大问题》等巨著，在国内外享有崇高声誉。为纪念费孝通教授 100 周年诞辰，开弦弓村建设江村文化园，自落成以来，共接待参观人员 4 万多，成为苏州市、吴江区和七都镇的青少年爱国主义教育基地。村内建设"江村香青园"生产基地，立足本土农业产业阵地功能定位，分别设置蔬菜保供种植区、果蔬采摘区、江村娱乐区、休闲农乐区、产品加工区，使学校、企业等结对，给人们提供体验劳动教育和社会实践的机会。

　　休闲特色：爱国主义教育、果蔬采摘、休闲农乐、农耕文化体验。

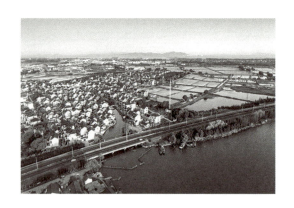

● **精品点 2：太湖雪蚕桑文化产业园**　依托首批特色丝绸小镇深厚的蚕桑丝绸文化底蕴，建设 2 000 亩现代化优质桑园、4 000 米²蚕桑文化展厅。以蚕的生命历程为主线，开展蚕桑丝绸文化科普、扎染拓染手工体验、果蔬采摘、野炊烧烤等各类活动，是一个集蚕桑文化科普、蚕桑丝绸宣传以及丝绸文化游于一体的综合型实践体验场所。从江南水乡文化角度出发，以蚕桑丝绸为主题打造一年四季有景的田园景观，根据江南地区文化特点，有针对性地开展民俗文化画展、蚕花节、桑葚果蔬采摘节、熏豆记忆节等民俗文化展示体验活动。

　　休闲特色：蚕桑文化科普、丝绸文化游学、民俗文化体验、田园休闲娱乐。

● **精品点 3：众安桥村**　众安桥村依托湿地公园生态优势及农业景观，按照乡村振兴战略部署，将环境优美、底蕴悠久、农业基础扎实、蚕桑特色突出的众安桥村谢家路作为推进乡村振兴战略的先导区，以"水韵桑田村"为主题，稳步推进 6 大类 22 个项目，探索富有丝绸小镇特色的乡村振兴之路。设置水八仙采收体验、自然科普、水稻种养等特色项目，通过餐厅、民宿、农家乐、特色农产品、农事体验等业态布局，打造农文旅融合发展试验田，谢家路实现长漾湖畔小渔村的蝶变，被认定为"苏州市特色田园乡村精品示范村"。

　　休闲特色：农耕文化、蚕桑文化、田园景观、农事体验、乡村美食。

● **精品点 4：齐心村**　位于震泽镇的东北部。齐心粮食生产合作社推出"长漾"牌大米，在吴江及周边地区具有一定的知名度和影响力，并获得农业农村部"全国绿色食品"认证，同时在苏州地产优质大米评选中获得金奖，2018 年，"长漾"牌大米被列入"苏州大米"农产品系列。

　　休闲特色：农耕文化、蚕桑文化、田园景观、农事体验、乡村美食。

●**精品点 5：村上·长漾里**　位于平望庙头村特色田园乡村，生态优势明显，东有雪落漾，背靠长漾，内拥葫芦荡，自然资源与生态环境优越，是"中国·江村"乡村振兴示范区，吴江环长漾农文旅特色田园乡村体验带的重要节点。长漾里重点打造养之源，西面有渔之源——渔业生态科技示范园，南面有果之源——生态果蔬乐园，东面通过福禄绿道连接绿之源——米约中心和桑之源——华佳蚕桑现代化综合示范基地，五源联动为特色田园乡村建设打下有利基础。

　　休闲特色：蚕桑文化体验、稻作文化体验、田园景观。

● **花筑·苏州水岸原著民宿**　该民宿不只是住所，更是一个联结景区人文特色的国际青年社区。探索当地建筑风貌与文化内涵，传承与创新体验设计，融入空间经营文化。通透的空间可供旅人休憩驻足，有水岸茶舍、艺文聚落等，三层露台酒吧视线开阔，是可极目远眺的平台建筑。

还有四方庭院，30 余间可满足不同需求的客房，4 个会议、禅修空间，伴随阵阵凉风，在这里看书、聊天、开会都是舒适的。更妙的是，台湾知名设计团队超前的设计理念并没有使房价变得昂贵。

3. 风味餐饮

● **太湖大闸蟹**　太湖大闸蟹是我国有名的淡水蟹之一。肉质鲜嫩，味美，黄多脂肥，历来被誉为蟹中之珍品。"九月团脐十月尖"就是说，农历九月要吃雌蟹（寒露以后），农历十月要吃雄蟹（立冬左右），这时蟹的营养价值极高。

● **同里状元蹄**　同里状元蹄是苏州同里的一道特色名菜，堪称吴江特产中的"领军人物"。信步同里这个举世闻名的江南古镇，在摇曳着"明清街"杏黄旗的巷子里，尽情欣赏状元蹄那一片红的同时，不经意间已经品尝到状元蹄那一团团、一阵阵的香甜。

● **麦芽塌饼**　麦芽塌饼是苏州同里古镇一种传统的苏式茶点，它是心灵手巧的乡村主妇们个个都会做的一种乡土点心。晨起时，同里人喜欢用麦芽塌饼做早点，在田里忙得腹中空空时，麦芽塌饼又成了人们垫饥的好干粮，而摆起场面吃"阿婆茶"时，自然也少不了这种应时美味的麦芽塌饼。

4. 乡村购物

● **苏绣**　苏绣是我国的四大名绣之一，它以针法精细、色彩雅致而著称。苏绣图案秀丽，题材广泛，技法活泼灵动。无论是人物还是山水，都能体现江南水乡细腻绵长的文化内涵。

● **洞庭碧螺春茶**　洞庭碧螺春茶已有 1 000 多年的制作历史。民间最早叫"洞庭茶"，又叫"吓煞人香"。相传有一尼姑上山游春，顺手摘了几片茶叶，泡茶后奇香扑鼻，脱口而道"香得吓煞人"，由此当地人便将此茶叫"吓煞人香"。后来康熙皇帝南巡，游览太湖，江苏巡抚宋荦用"吓煞人香"进贡，康熙品尝后大加赞赏，只是认为茶名欠雅，便因此茶产于洞庭东山碧螺峰而易名为"碧螺春"。

5. 乡村民俗

● **吴江平望猜灯谜传统民俗活动**　"猜灯谜"又叫"打灯谜"，是平望镇一项有着悠久历史的传统活动，也是当地群众喜闻乐见的文娱形式。平望灯谜起源于民国，发展、兴盛在 20 世纪 80、90 年代。每逢传统佳节，文化部门都要举办灯谜活动，有传统灯谜展猜、灯谜擂台赛等，不少谜题是由当地灯谜爱好者围绕平望名胜古迹、风土人情、历史人物、部门特色、单位专门用语等创作的，具有鲜明的地方特色。在传统文化的熏陶和灯谜界先辈的扶持、培育下，一批灯谜新苗正在茁壮成长，为平望灯谜的繁荣和发展注入了新的思路和活力。

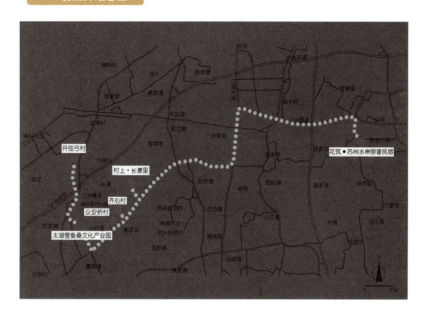

案例分析

● **创新模式** 水乡古镇休闲游。对特色资源和产品进行开发打造。以特色田园乡村旅游带、国家湿地公园、太湖养生小镇等为建设重点，导入水乡美食、乡村民宿、郊野休闲等旅游业态，引领乡村旅游产品转型升级，使之成为乡村振兴中的战略性主导产业。

推进太湖旅游度假区建设。完善旅游整体设施，整合文体商旅资源，加强精品旅游项目引进力度，大力发展太湖花卉园艺、滨水游乐、运动休闲等多元旅游产品，打造华东地区一流的东太湖"黄金湖岸"生态旅游度假区。

● **产品类型** 农业文化体验、水乡景观、乡村美食。

● 成功关键

1. 围绕东太湖生态旅游度假区、水乡古镇休闲旅游区、丝绸商贸文化旅游区"三大片区"进行旅游业建设，推动古镇休闲、滨水度假、乡村体验、丝绸文化等旅游新业态发展。

2. 不断提升宣传效果，强化资源整合、举办旅游节庆活动，加强城市形象的推广力度，提升吴江旅游品牌的认知度。

五、浙江省（湖州市）长兴县　秋季太湖民俗体验游

1. 特色景区

●**精品点 1：石泉村**　石泉村东邻太湖、南倚弁山，沪聂线（318 国道）穿村而过，以长湖申航道西线为界。古代村落后面的茶磨山石缝间多山泉，故名石泉。石泉村北靠金狗山，驸马渎自东向西贯穿整个村庄，将石泉分为南北两岸，山水相依，绿脉相连。村域内有两座山体公园，山间树木郁郁葱葱，鸟飞蝉鸣，空

气清新。入口处有一片绿意盎然的桃花林，花开时节，风光无限。村西南面有一片面积 60 余亩的荷花塘，夏季荷花盛开，白鹭点水，是观光旅游的好去处。

休闲特色：农事体验、民俗文化、观光休闲。

● **精品点 2：图影湿地文化园**　图影湿地文化园位于长三角经济圈中心、苏浙皖三省交通枢纽区域，交通便捷，风光秀丽，旅游资源丰富。景区东邻太湖，为弁山环绕，属湖泊型湿地，其水域与太湖连通，水质清澈，以大荡漾、陈湾漾、周渡漾、鸭兰漾四大景观为主体，结合白鹭洲、农耕岛、芦漫岛、陌桑岛、杉影岛等 20 余个岛屿及鱼塘、河道、芦苇丛、纵横阡陌的河网港汊，形成了"天然、野趣、清幽、闲逸"的曼妙意境，是集原生态展示、农耕文化、旅游观光、民俗风情体验、休闲度假于一体的综合型旅游景区。

休闲特色：休闲度假、民俗风情、观光旅游。

● **精品点 3：太湖古镇**　太湖古镇是太湖龙之梦乐园的一部分，白墙黑瓦，古色古香，宛如画卷。古镇总建筑面积约 66 万米^2，打造了总长度 9 千米的老街、面积 5 万米^2 的餐饮区、大型水秀区及风格各异的客栈等。当前，太湖古镇打造了 10 个大剧场和 10 个小剧场，同时还包括 62 家风情各异的客栈、4 266 间客房以及 1 400 多间各式风情商铺，集非遗展示、购物、街艺表演等功能于一体。

休闲特色：特色民宿、古镇文化、非遗文化展示。

● **精品点4：太湖龙之梦钻石酒店**　紧邻70米深的蔚蓝矿湖，以"天下粮仓"为设计理念，集自然、历史、人文于一体，为游客提供独特的度假体验。酒店打造挑高11米、面积2 000米^{2}的大堂，游客可近距离观赏珍稀金虎，也可观表演、享美食、品美酒、欣赏太湖美景。

休闲特色：观赏休闲、特色住宿、太湖美食。

● **精品点5：太湖会**　坐落于浙江长兴如诗如画的南太湖畔，以"四养（养心、养身、养性、养智）"为主旨，融度假、观光、

美食、艺术、会展、运动、休闲于一体。酒店整体按照江南园林与现代建筑相结合的风格设计，内部装饰遵循"回归自然，融入现代"的理念，紧扣"民俗文化、自然、阳光、祥和"的主题，并与现代休闲养生紧密结合，彰显了绿色生态的理念，展现了太湖会的自信与从容。

休闲特色：休闲度假、养生美食、民俗文化。

● **精品点 6：长兴太湖博物馆** 长兴太湖博物馆是环太湖地区的标志性建筑，整个项目包括太湖博物馆主体建筑及室外景观设施，结构错综复杂。博物馆总用地面积约 70 亩，主体建筑面积为 28 268 米^2，地上 7 层，地下 1 层，其中展厅面积 6 000 米^2。东侧太湖公园有 2 000 米^{2}户外表演场地。

休闲特色：科普教育、观光休闲。

● **精品点 7：龙之梦动物世界** 位于湖州市长兴县图影省级旅游度假区，占地面积 1 600 亩，分人行和车行两个观览区，是一个集野生动物展示、科学研究、保护教育和互动体验为一体的大型野生动物园。引进野生动物 400 余种，3 万多只，有非洲狮、美洲狮、斑鬣狗、长颈鹿、袋鼠、斑马等。海洋世界占地 440 亩，包括海狮剧场、北极熊馆、白鲸馆、企鹅馆等场馆，引进 100 多种海洋动物。

休闲特色：科普教育、观光休闲、互动体验。

2. 精品民宿

● **天一色·长兴竹海景观度假民宿** 位于长兴煤山镇，周边竹山环绕，距离宜兴竹海生态旅游区约 5 分钟车程，周边景区众多，是游览玩耍的好地方。

民宿整体建筑以现代设计为主，园内设计效仿江南园林，粉墙黛瓦，绿竹林立，流水潺潺。园内设有户外无边泳池、跑马场、地下酒窖、户外烧烤、草坪露营等项目。民宿拥有中餐厅、餐饮包厢、团队宴会厅（多功能会议厅），提供贴心的餐饮服务，唤醒美好的味觉记忆。

山水聚灵气，心旷更神怡。这里远离都市喧嚣嘈杂，有竹叶的清香和潺潺的流水。走在路上，除了满眼的绿色，不经意还会看到竹鸡从路上横穿而过，刺猬在草丛中探头探脑。抬起头，也许有几只松鼠正在树上追逐嬉闹。民宿周边还有垂钓园、杨梅园、草莓园、番茄园、竹笋园。

3. 风味餐饮

● **方便糯米藕**　将藕去皮，在藕的顶端切开两段，以便灌糯米。糯米用水洗净，浸涨，然后将糯米灌入藕的大段中，盖上小段，用牙签固定，放入桶中，加清水 500 克，再放入白糖、麦芽糖，用猛火烧开，然后用文火慢煮，直至藕熟并且起糖皮，然后切片装盘淋上糖浆即可。此种做法风格独特，口感上佳。

● **烂糊鳝丝**　烂糊鳝丝是湖州传统名菜。用活鳝鱼、虾仁、鸡肉、火腿等烹制而成，味道十分鲜美。

4. 乡村购物

● **太湖银鱼**　银鱼是太湖著名特产。银鱼亦称脍残鱼。清朝康熙年间，与梅鲚鱼、白虾并称为太湖三宝。银鱼形似玉簪，细嫩透明，柔若无骨，色泽银白，营养丰富。

● **太湖蟹**　太湖蟹，生长于太湖水域，亦称螃蟹，其背壳坚隆，凹纹青黑，腹青白色，腹下有脐，雄尖雌团，内有硬毛。太湖蟹个大体重，传统吃法有清蒸、水煮、面拖、酒醉、腌制等。

5. 乡村民俗

● **长兴百叶龙**　长兴百叶龙发源并流传于浙江省长兴县林城镇一带，至今已有 160 多年的历史。

传统百叶龙多在庙会及节庆时表演，先从排列"游四门""圆场"等队形开始，当荷花灯聚成圆圈、相互连接，构成"龙"形时，外圈舞队热烈舞蹈，吸引观众视线；"龙"一成形，即腾空跃起，众舞队立时散开，形成"百叶龙"，带动气氛。

● **扫蚕花地**　主要分布在德清一带。旧时当地蚕农为了祈求蚕桑丰收，在每年的春节、元宵、清明期间，都要请半职业的艺人到自己家中举行扫蚕花地仪式。通常由一女子作歌舞表演，并有人在边上伴奏。唱词内容多为祝愿蚕茧丰收和叙述养蚕劳动生产全过程。舞蹈表演扫地、糊窗、采叶、喂蚕等一系列与养蚕有关的活动。这种民俗活动由来已久，据说与古代蚕神信仰和祛蚕祟的巫术有一定的渊源，因而有十分丰富的传统文化内涵，对于研究蚕桑丝绸民俗有重要的参考价值。

6. 旅游线路图

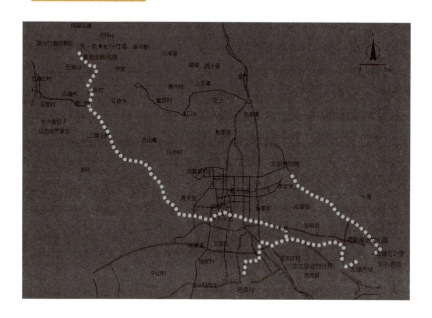

🔍 案例分析

● **创新模式** 建设大型综合性乡村旅游度假目的地。突出乡村旅游特色，以乡村休闲、乡村度假、乡村生活为发展方向，通过乡村旅游产业体系的构建，打造成融合茶文化体验、乡村民宿度假、绿色生态休闲的长三角一流乡村旅游目的地。

重点发展特色旅游街、商旅文综合体、文化创意店、主题酒店、城市公园、休闲健步道、旅游餐饮、旅游购物、城市休闲（茶吧、咖啡吧、书吧等）、旅游电商等旅游业态。

培育发展以太湖龙之梦项目为代表的引擎性旅游项目，不断增强长兴旅游产品的核心竞争力，打造新的旅游目的地产品。

- **产品类型**　休闲度假、农事体验、主题体验活动。
- **成功关键**

1. 以红色文化、古生态文化、太湖石文化以及特色乡村旅游资源为内涵，整合资源，打造集体验旅游、优美村落、创意文化、远古文化、太湖石游览于一体的国家级研学旅游示范基地。

2. 以实现乡村旅游升级为目标，大力引进中高端乡村旅游度假产品，着力推动特色民宿发展，提升乡村旅游集聚区智能化管理水平，逐步形成满足不同消费群体的差异化产品，提升乡村旅游发展质量。

3. 全方位、多角度、立体式开展宣传推广，不断提高旅游品牌在长三角市场的影响力。

六、江西省（南昌市）南昌县、新建区、安义县　漫游南昌休闲精品·体验美丽诗意乡村

1. 特色景区

● **精品点 1：凤凰沟风景区**　核心面积 6 千米²，离南昌市中心 35 千米、昌北机场 60 千米，属典型的红壤丘陵地貌，是国家 AAAA 级旅游景区、中国美丽田园、全国中小学生研学实践教育基地、全国十佳休闲农庄、全国休闲农业与乡村旅游五星级园区、全国休闲农业与乡村旅游示范点等。特色活动有蚕桑民俗文化体验、蔬菜水果采摘、民俗美食品尝（桑叶馒头、桑枝老鸭）等。

● **精品点 2：工控陌上园**　占地 1 224 亩，现有欧洲文洛式智能玻璃大棚、智能玻璃温室大棚等高科技农业项目，还有江南棚型日光温室、采摘果林、太空莲种植基地、花卉种植区、阳光草坪、房车营地、水上高尔夫等项目。园区设施完善，主营果蔬种植，开拓乡村旅游接待、科普研学等。农业休闲体验项目较多，丰富有趣，包括果蔬采摘、自助烧烤、房车营地、户外扩展场地、水上高尔夫等，游客可以尽情吃喝玩乐，让游客在体验现代农业魅力的同时，还能丰富其游玩体验。

　　休闲特色：民俗节庆体验、果蔬采摘、房车营地、农事体验。

● **精品点 3：怪石岭生态公园**　怪石岭生态公园是集运动休闲、民俗农事体验、观光娱乐、养生于一体的国家 AAAA 级旅游

景区，也是全国休闲农业和乡村旅游示范点、省级休闲农业田园综合体。景区内有全国唯一的天然攀岩山体——怪石部落及全长4.38千米的休闲农业观光长廊。怪石岭生态公园占地4 200余亩，以旅游休闲农业为主，主要项目有农副产品销售、登山、攀岩、深山游步、农业观光长廊、休闲度假、户外体能拓展、休闲垂钓、康体娱乐、自助农家乐、山地生态体验、怪石探险、水上游乐、养生文化、烧烤、乡村酒吧、真人CS野战等。夜游怪石岭也是一绝，夜登"长城"，纵览园区夜景，别有一番风味。可以夜宿枕湖居，听水声潺潺，枕湖风入眠。

休闲特色：休闲度假、户外拓展、休闲垂钓、宿营篝火、手工美食。

●**精品点4：果立方·梅岭时光亲子乐园**　距离南昌市城区29千米，交通十分便利。以旅游休闲观光体验为主线，是集农旅、休闲创意、亲子体验与科普研学等功能于一体的综合乐园。梅岭时光的设计理念富有前瞻性、创新性、示范性。整个园区分为动力游乐园、无动力亲子畅游动线、松鼠部落萌宠乐园、四季花海、植物迷宫矩阵、新型特色健康餐饮等项目，园区结合梅岭原有的自然、生态特色，打造适合游客旅居休闲、有氧漫步、散心发呆的生态休闲"慢生活"景区。

休闲特色：山水景观、植物迷宫、科普教育、摸鱼比赛。

●**精品点5：九龙溪花海（太平镇合水分场）** 地处梅岭国家森林公园中心，是梅岭风景名胜区的重点景区，旅游资源主要以自然风光为主，结合当地农村特色，其中九龙溪生态公园和雷港民宿村最为出名。九龙溪花海按照全域旅游的理念，突出"花"文化主题，融"美食、美景、美宿、美文化"于一体，以栖凤竹林和九龙花溪构成"龙凤呈祥"的美好意境。通过打造四季花海、蹦蹦云乐园、游园小火车、房车营地、雷港民宿村，成为集生态观光、民宿体验，休闲度假于一体的"慢生活"综合体。

休闲特色：花海景观、民俗文化、生态观光。

●**精品点6：斐然生态园** 斐然生态园是一家集休闲观光、果蔬采摘、农耕体验、科普教育、水上娱乐、休闲度假等功能于一体的都市现代农业观光园，先后获得"江西省农业产业化龙头企业""省级休闲农业示范点""省级现代农业示范园区""省级休闲农业精品园区"等荣誉。秋高气爽，百鸟鸣啭，在斐然生态园，可以于繁华都市中寻找内心的宁静，体验田园生活的自在悠闲。

休闲特色：科普教育、休闲垂钓、瓜果蔬菜采摘。

2. 精品民宿

● **花筑·南昌悦游文盛花园酒店（昌北机场店）** 位于南昌市昌北机场东门口，毗邻昌北国际机场、海昏侯博物馆、南昌绕城高速，地理位置优越，交通便利。

酒店坐落于文乐生态园内，不受都市喧嚣的打扰，私享超大园林，拥有独栋院落，超大房间，房间配有冰箱等；多功能会议厅融合中式装修风格和欧洲音乐厅风格，适合周末出行、商务接待、机场住宿、团建活动等；私人专属定制别墅，一幢幢具有乡村风情的精致别墅散落在苍翠树木之中，置身其中恍如远离了所有的都市尘嚣。酒店拥有10多栋庭院别墅，有商务套房，所有房间均有独立窗户、24小时热水，以及有线和无线网络、名牌独立卫浴等设施，还提供优质星级床上用品。

3. 风味餐饮

● **藜蒿炒腊肉**　藜蒿炒腊肉是江西南昌的名菜。每年阳春三月，是藜蒿盛产的季节。在《神农本草经》中，藜蒿被列为野蔬上品。藜蒿炒腊肉是每个江西人都爱吃的一道家常菜，一直享有"登盘香脆嫩，风味冠春蔬"的美誉。

● **帝景酱香鸭**　精选乡村老鸭，酱香浓郁，肉质口感非常好，酱汁用十几种药材熬制而成，这道菜对人体健康也非常有好处。

● **黄氏肚包鸡**　黄氏肚包鸡继承黄氏阿婆秘制的炭火煲制法，以景德镇的砂瓷为器具，精配新鲜猪肚与农家土鸡，加上天然鄱阳湖矿泉水，用炉炭煲制 8 小时以上而成。砂锅之妙在于炭火，水汽与砂瓷兼阴阳之性，久煲之下猪肚与土鸡的鲜味溶解于汤中，鲜香醇浓，食后令人久久难忘。

4. 乡村购物

● **水库团鱼**　又称甲鱼。江西各地的江河湖泊中都有甲鱼的踪迹。其中以全国第一大淡水湖的鄱阳湖最多，品质亦最佳。南昌市郊区大吉岭水库建起了人工繁殖甲鱼基地，现有甲鱼已逾万只，是一项颇有前途的养殖业。

● **鄱阳湖银鱼**　鄱阳湖出产的银鱼是国内外市场均畅销的产品。鄱阳湖水面辽阔，水深岩多，为银鱼的繁殖和生长提供了优越的自然条件。银鱼古名"脍残鱼"，是鱼类中较小的一种。体形细长，银白光滑，晾干后质地雪白透明，因而得名。银鱼肉质细嫩，味道鲜美，含有丰富的蛋白质，营养价值很高，是人们喜爱的佳肴，堪称河鲜之首。

● **安义枇杷**　又名卢橘、金丸，生在南国，已有2 000 多年历史，枇杷上市时正值水果淡季，因此倍受人们欢迎，是初夏最受人喜爱的水果。安义枇杷果实圆形，表皮薄嫩，肉质厚实，鲜甜微酸，汁多爽口，风味独特。而且它还含有蛋白质、脂肪、维生素 C、糖、钙、镁、铁等成分，营养价值很高。

● **南昌瓷板画像**　南昌瓷板画是在中国传统绘画、陶瓷彩绘和西方摄影的基础上发展起来的，将绘画艺术与烧瓷工艺巧妙结合。主要流传在南昌、景德镇、九江等地。

5. 乡村民俗

● **上坂关公灯**　又名关公龙，是为纪念三国名将关羽（字云长，世称关公）而设置的活动。

据传，上坂曹家自然村关公灯的起源与关羽华容道的故事有关。族谱记载，曹家的先祖原籍中原，辗转来到江西都昌县谋生，后分于三地，即南昌县的港口、新建区乐化和湾里上坂曹村。曹村后人一直以曹操之子曹植的嫡系后裔自居。为表达对三国关羽不顾军纪，毅然于华容道放走曹操的恩德的感激之情，他们世代扎制这种以关公命名的灯彩。每逢正月十五元宵节，曹村人就会进行祭祀并游舞关公灯。

6. 旅游线路图

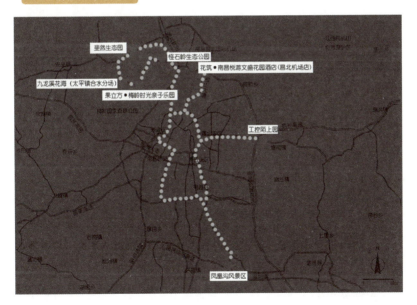

● **创新模式** 田园文化，乡村风情。展现南昌乡村田园文化风情、飞鸿山水生态生活，建设集豫章文化山地养生度假、山水田园观光休闲、乡村农耕娱乐体验、安义古村寻古探幽、现代农业种植示范等功能于一体的国际农旅休闲养生度假区。配套南昌城市西部发展，服务周边城市。

以当地的建筑文化、民俗文化、农耕文化为依托，利用良好的生态环境和农业基底，打造文化商业、多彩稻田、亲子田园、有机菜园于一体的综合性农场，以及提供羊驼等动物饲喂、观赏的小型动物园。

● **产品类型** 科普教育、山水景观、休闲度假、DIY 文创。

● **成功关键**

1. 在项目规划中充分利用民俗文化、自然资源，设计一系列农事体验活动、农业节庆活动、古村民俗文化体验活动、主题美食游乐活动、科普教育活动且以农业田园为背景的生态休闲度假等方面的项目。

2. 创新性地以新农业发展形式为引导，统筹农业产业与旅游产业的融合发展，使南昌旅游进一步得到开发。

3. 以传统农业融合园区、景区、社区理念，形成高效化的农业园区、休闲化的乡村农业景区和生态化的农业社区，实现乡村的园区、景区、社区三区合一化发展。

七、湖南省（长沙市）浏阳市 观赏采摘风情之旅

1. 特色景区

● **精品点 1：梅田湖村** 地处连云山脉南麓，交通十分便利，

是国家级美丽乡村标准化示范村。境内有皇龙峡漂流、皇龙大峡谷探险溯溪、5D高空玻璃桥和玻璃滑道，以及省级水利风景区梅田湖水库，有松山、云盘、紫阳等美丽建筑和中坪山水氧吧民宿，还有大西洞世外桃源度假村、周国愚纪念馆及包大丞相纪念馆等旅游景点和名胜古迹，是湖南省第一家为长株潭、湘赣边城市群广大游客、青少年、亲子提供研学旅行、农事体验、实践教育、提升自我的基地。每年稻草艺术节等日接待游客2万人次。

休闲特色：生态观光、玻璃滑道、稻草艺术节。

● **精品点2：愚公生态农业基地** 占地面积300余亩，是科普中国·乡村e站、湖南省水果设施栽培示范基地、浏阳市全域旅游示范点。结合交通优势，与大围山旅游区、皇龙峡等周边10多个景区强强联合，建立了浏阳特产购物区和游客休息中心，打造浏阳唯一的水果公园，种植30余种水果，基地内设施齐全，配有游客采摘区、品尝区、科普区、农事体验区，配有针对各种果树和水果的科普项目，让游客和学生既采摘了绿色新鲜水果，又能学到许多水果知识。

休闲特色：水果采摘、鲜花走廊、户外烧烤、浏阳美食品尝。

● **精品点 3：浏河第一湾农庄**　东邻大围山国家森林公园，南通浏阳大溪河，交通便利。坐拥数百亩森林和绿地，毗邻闻名遐迩的浏阳河，人们能远离都市的喧闹，完全融入生态的自然环境之中。农庄占地面积 400 余亩，其中绿化面积达 200 亩。依托浏阳河的纯天然绿色景观，打造集餐饮住宿、水上乐园、生态农业、研学基地、梦幻浏阳河、青少年科普、户外拓展等于一体的大型生态农庄。主营业务有浏阳河观光、绿色种植、生态养殖、餐饮休闲、会议接待、户外拓展、娱乐健身等。

休闲特色：实景演出、生态餐饮、科普研学、户外拓展、赏花坐船。

● **精品点 4：桂园农庄**　桂园农庄是国家级、省级五星级农庄，是省特色农业产业园、长沙市重点龙头企业、长沙市研学旅行营地。农庄占地 1 037 亩，以田螺文化为主题，以官渡唆螺和客家美食全蒸宴为特色，以生态旅游和森林休闲度假为定位，面向长株潭、湘赣边所有游客。农庄拥有能接待 200 名成人和 500 名学生住宿的民宿、生态客房，拥有 1 000 个餐位餐厅，有标准游泳池、丛林探险、田螺姑娘主题公园、能容纳 10 000 人的草原、以食养医养为特色的康养场所，以及垂钓、水果采摘、农事体验等休闲特色项目，适合举办家庭亲子活动、会议、培训、康养、企业拓展等。

休闲特色：农业观光、水果采摘、农事体验、浏阳美食。

● **精品点 5：嘉园度假山庄**　坐落在浏阳市东区有着千年历史的官渡古镇，美丽的浏阳河如玉带环绕，巍巍大围山似屏风耸翠。当地客家人淳朴且拥有独特的风俗，革命老区的红色景点，加上山庄内部的宽阔的果园、菜圃、池塘、花木，可谓山清水秀、人杰地灵。山庄占地 360 余亩，集生态休闲度假、现代农业观光、农产品加工、果园采摘、园林花卉、休闲垂钓、户外拓展于一体，是带有欧洲风情小镇式的庄园宾馆，也是带有客家特色的娱乐和学习完美结合的生态休闲场所。山庄一直秉持原生态、自然美、生态养生的发展理念，被评为全国休闲农业与乡村旅游四星级农庄、湖南省五星级农庄。

休闲特色：休闲度假、红色旅游、手工美食。

● **精品点 6：南边生态农场**　南边生态农场坐落于静山幽谷中，环境优美，空气清新，占地近千亩，是一家以黑山羊养殖为主题，集高效种养产业、风味餐饮、品质民宿、农业科普、农耕体验和休闲度假等功能于一体的现代休闲农场。农场以生态建设为核心，崇尚自然理念，打造林耕畜渔链接式休闲旅游。可与好友相约，逍遥于农家四合院，品味特色美食，住山居民宿，观天上星斗，赏莺歌燕舞。游客奔走于田垄，水稻蔬果可背篓采摘，体验农夫生活、享受田园风光。黑山羊、土鸡奔跑穿梭于山林间，可林间散步，可亲自喂食放牧，享受放牧生活的风情与乐趣。

休闲特色：农耕体验、乡村美食。

● **精品点 7：大围山国家生态旅游示范区**　内有楚东传统村落、大围山国家森林公园、白沙古镇、大围之珠农庄等景区。楚东传统村落被住建部列入长沙市传统村落保护名录，境内有锦绶堂、楚东山大屋、跳石桥、长鳌江古桥等古建筑景点，被评为湖南省特色旅游名村。结合传统村落建设，楚东水果公园内种有桃、李、梨、枇杷、杨梅等水果 8 000 亩。于枫林秋色中走进大围山国家森林公园，如置身大围山之梦。无论漫步溪边修心，还是登高远望，枫林、柿树红似血，或点缀绿色，或染尽山峦，遇上晚霞万丈，残阳如血，叶红如血，浑然一体，如同仙境。白沙古镇有 800 多年的历史，镇内有万福古桥、吊脚楼、麻衣庙、陈真人庙、观音庙、刘家祠堂、古街等古建筑。大围之珠农庄集绿色果品生产、休闲观光旅游于一体，配套设施齐全。可以同时容纳 300 人就餐；可接纳 30 人住宿。附属果园 600 余亩，种植有"大围山梨"、黄桃、水蜜桃、冰糖枣、红宝石李、葡萄、无花果等优质水果，春可赏花、夏秋可采果；还有鱼塘 20 余亩，可垂钓休闲。

　　休闲特色：休闲度假、水果采摘、古镇游玩、红色旅游。

2. 精品民宿

　　●花筑·浏阳湖洋梯田民宿　坐落于素有湘东明珠之称的"大围山国家森林公园"的半山腰，距大围山森林公园东门约 1 千米，周边森林覆盖率高达 99%。

民宿周边三面环山，放眼望去，梯田金黄，云雾飘绕，荷花飘香。民宿拥有布置简约而不失奢华的客房，房内配有空调和投影设备，电动窗帘可以让人有更加贴心的入住体验。服务人员会提前为您准备好电热水壶和瓶装水以及茶具，以满足饮水需求。

3. 风味餐饮

● **浏阳蒸菜**　浏阳蒸菜健康、味美、价廉、快捷。以蒸腊菜为主，基本菜品有：干扁豆蒸腊肉丁、清蒸火腿肉、剁椒蒸土豆、清蒸土家腊肉、清蒸鸡蛋、清蒸茄子、清蒸干豆角、清蒸芋头等，有数十种之多。蒸菜色泽丰富，味道多以辣为主。

● **浏阳茴饼**　浏阳茴饼是浏阳著名的传统产品，已有 300 多年的历史。外表美观，形圆微凸，火色金黄光亮，表面起酥，里皮燥脆，内馅丰满，松较可口，油甜不腻。具有小茴、桂子、芝麻等的天然芳香。

4. 乡村购物

● **浏阳金橘**　浏阳金橘已有 1 000 多年的栽培历史。浏阳金橘集食用、药用、观赏于一体，果形美观，品质优良，风味独特，同时具有很高的药用价值，能和胃通气、补脾健胃、化痰消气、通筋活络、清热去寒。

● **浏阳烟花**　浏阳烟花（又称花炮、鞭炮、焰火、花火）是驰名中外的湖南传统特产和浏阳主要出口商品之一，浏阳的烟花鞭炮久负盛名，素有"鞭炮之乡"的美誉。浏阳花炮金花四溅，五彩缤纷，或旋转窜跃于地面，或飞腾闪耀于天空，令人目不暇接，因此有"浏阳花炮震天下"的美名。

5. 乡村民俗

● **长沙花鼓戏**　长沙花鼓戏是一种汉族戏曲剧种，以长沙官话为舞台语言，是湖南花鼓戏中影响较大的一种。它是由农村的劳动山歌、汉族民间小调和地方花鼓（包括打花鼓、地花鼓、花鼓灯）发展而来，距今已有 100 多年历史。

长沙花鼓戏形成、流行的地区方言有较大差别，旧称"五里不同音、十里不同调"，随着艺术交流的频繁，逐渐演变为以长沙官话为基础的舞台语言。2008 年，长沙花鼓戏被确定为湖南省第二批非物质文化遗产名录项目。

● **浏阳文庙祭孔古乐**　浏阳市地处湖南省东部、湘赣边界，是一个有着丰富多彩的礼俗文化和浓烈的民族精神的特殊地方。国家级非物质文化遗产浏阳文庙祭孔古乐就流传于此。

浏阳文庙祭孔古乐源于《韶乐》，是在远古流传的古乐基础上修正丰富而成，具有浏阳特色，故又称为"浏阳古乐"。它以祭祀儒家文化的创始人孔子为内容，形式上融乐歌、舞、礼于一体，其乐舞程序完整、内涵丰富、形式独特，乐舞活动持续 200 多年，文化底蕴厚重，历史影响深刻。

6. 旅游线路图

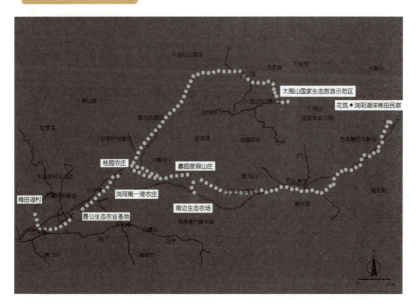

● **创新模式** 打造标准化乡村旅游度假目的地。以特色绿色种植为主体打造水果种植园、花木走廊、大面积农田等景观，结合农家乐、采摘活动等构建农业观光产品。传承民俗节庆，传播地域文化，增加娱乐性、观赏性节目，提高游客参与度，打造民俗观光旅游。

以主要旅游景点为吸引点，在核心景区周边打造标准化乡村旅游度假小镇、农庄等旅游接待设施。打造种植业景观、花卉景观，联合村镇，打造"一村一品"休闲农业景观村。配备水果采摘，休闲垂钓，花木游园，温泉沐浴等项目，构建温泉乡村度假，采摘农庄度假等乡村度假旅游产品。

● **产品类型** 休闲度假、乡村美食、农耕体验。

● **成功关键**

1. 突出山林、花木、农业等景观特色，挖掘特色文化内容，打造观光旅游优势以吸引游客，同时提升旅游服务质量，扩大游客人群，聚集旅游人气。

2. 突出"生态养生"度假亮点，打造标准化乡村旅游度假目的地，让游客放心享受森林度假、滨水娱乐度假、城市休闲度假等产品。

3. 树立浏阳旅游特色品牌，促进产业融合。

八、重庆市长寿区 长寿慢城——渔乐仙谷

1. 特色景区

● **精品点 1：长寿慢城** 长寿慢城是集慢食、慢居、慢行、慢游、慢购、慢娱于一体的乡村振兴战略试验示范区、现代生

态农业文化展示区、现代田园休闲度假新目的地。有优美的生态系统，以5万亩柑橘园区为背景，实施蔡家河综合治理，打造了可亲水休憩的河道景观带。还有乡风浓郁的生活系统，以新老秀才湾片区为核心，结合各湾落历史文化沿革，打造一湾一景的新型慢生活村景。也有供休憩的慢行系统，在省道公路一侧建设了宽度3米的双向通行自行车道，形成慢行游线。同时有深度体验的文娱系统，依托秀才文化，围绕老秀才湾学堂旧址、布局君子山居民宿区、陶艺手工文创区、亲子游乐体验区、川渝特色美食区、花房摄影展示区、慢行步道运动区、一湾书院研学区等7大综合性项目业态。重视数字化的智慧系统，开发"村游锦囊"系统，游客可借助手机进行线上导览、导航、导游、导购。

休闲特色：休闲度假、田园景观、科普教育、亲子娱乐。

● **精品点2：渔乐仙谷** 渔乐仙谷风景区，一期占地3 000余亩，规划占地8 000余亩，坚持一、二、三产业融合发展战略，荣获"全国休闲渔业示范基地""重庆市十大特色乡村""重庆科普示范基地"等称号，是重庆市重点乡村振兴发展项目之一。主要经营内容有特色水产品、名优果蔬产品、林下特色养殖，水面面积近500亩，山水相间，林地翠绿，设施齐全，是市民户外游乐的好去处。

休闲特色：田园景观、采摘体验、户外游乐。

● **精品点 3：长寿湖景区**

长寿湖位于重庆东北部，紧邻长寿湖高速。长寿湖风景区，是西南地区最大的人工湖景区。风景区分为大坝风情区、西岸公园等，共有 203 个大小岛屿散布在湖泊中，包括长寿湖广场、领袖群雕、长堤抒怀、六角亭、长寿湖赋、情人廊、浴滨戏水等景点，设有钓鱼岛露营地、景区码头、鱼庄等服务和娱乐设施。游客在观赏湖岛风景之余，可体验快艇、垂钓乐趣。

休闲特色：休闲垂钓、观光度假。

● **精品点 4：邻封村采摘长寿柚**　邻封村有中国美丽休闲乡村、全国"一村一品"示范村、重庆市休闲农业与乡村旅游示范村等多项殊荣，作为全国优质果品生产基地、长寿柚的核心示范区，素有"长寿柚之乡"的美誉。沙田柚色艳，形似葫芦，脆嫩化渣、醇甜如蜜，食之汁多味浓，沁人心脾，富含糖、矿物质、有机酸和多种维生素，具润肺、止咳、平喘之功效。

休闲特色：长寿柚采摘、农事体验。

● **精品点 5：静雅园盆景种植园**　占地 50 亩，园内主要有各类盆景和火龙果、无花果等特色果品，园内还养殖土鸡等，是集休闲、观光、采果、农事活动体验于一体的休闲观光农业基地。5—10 月是火龙果的采摘期，静雅园水果种植基地火龙果大棚内，一个个颜色鲜艳、硕大饱满的火龙果挂满了枝条。种植的火龙果品质好、甜度高，果肉细嫩饱满，入口无渣，营养价值极高，每到周末，有不少市民慕名前来采摘。

休闲特色：火龙果采摘、休闲观光、农事活动体验。

●**精品点6：醉美东山农庄** 集农业综合开发、乡村旅游开发、种植销售、农副土特产品销售于一体，位于国家AAAA级风景区，长寿湖东岸的黄草山脉最高峰又名长寿东山、玉华山。有数万亩国有森林，数千亩茶山竹海，有太平寨、青坪寨、观音阁等景观。海拔高度942.6米，可鸟瞰长寿湖全景。醉美东山农庄的建筑用楠木制成，飞檐翘角、风格雅致、古色古香。在森林竹海中，别有韵味，俯仰之间，皆是画卷。

休闲特色：田园景观、休闲度假、养生体验。

2. 精品民宿

●**重庆屿见Lsles·设计师江景民宿** 位于重庆市商业核心地段——解放碑较场口地铁站旁的日月光中心广场楼上，距离解放碑碑、洪崖洞、长江索道、山城步道、十八梯等景点距离约为500～1 000米，去磁器口、李子坝等景点可以搭乘地铁直达，民宿楼下有停车位可停车。

民宿房间均在20楼以上，楼层高，视野开阔，长江美景和十八梯历史文化街尽收眼底。每个房型都有独立的卫生间，房间设计以北欧现代风格为主，游客能拥有温馨舒适又高端有档次的入住体验。

3. 风味餐饮

● **长寿血豆腐**　用瘦猪肉和豆腐做成，是长寿的传统名食。

● **长寿湖鱼面**　在长寿湖众多鱼食菜肴中，最有名气的是鱼面。鱼面所用的鲜鱼是长寿湖中最名贵的翘壳鱼，去骨取肉，将鱼肉打成鱼蓉，做成普通面条粗细的鱼面条，经特殊手法煮制而成。爽滑柔韧，鲜香嫩细，全无腥味。

● **长寿薄脆**　产品棕黄色，薄而不碎，脆而不焦，又酥又香。薄如纸，色泽鲜美，纯甜芳香，酥而化渣，脆而不碎，益气和血，为长寿独有的特产，在清朝咸丰年间风行长寿及长江一带，是老少咸宜的休闲食品。

4. 乡村购物

● **长寿夏橙**　长寿夏橙经过科技人员长期选育，形成了独具长寿地方特色的橙类佳品，其果色艳，汁多味浓，酸甜适度，品质上等，曾荣获农业部"绿色食品"称号。目前全区种植面积10万亩，产量20万吨。

● **长寿沙田柚**　清香浓甜，味醇如蜜，汁多化渣。果形似葫芦，顶微凸，有不同花纹。

● **活水豆腐**　重庆市的名优菜品，曾登上宴请周总理等党和国家领导人及外国专家的大雅之堂。

5. 乡村民俗

● **梁山灯戏**　梁山灯戏的唱腔音乐主要有胖筒筒类的灯弦腔、徒歌类的神歌腔和俚曲类的小调，其中"梁山调"灯弦腔比较独特。梁山灯戏的表演特点为"嬉笑闹"与"扭拽跳"。其剧目相当丰富，总数在 200 种以上，最具代表性的有《吃糠剪发》《送京娘》《湘子度妻》《请长年》等，这些剧目大都改编自民间戏曲或民间故事。灯戏表演采用方言，唱词通俗自然，生动活泼，极富生活气息。此外，由于灯戏的娱乐性很强，情节夸张，矛盾突出，嬉闹诙谐，所以演员们表演起来往往动作夸张，带有舞蹈性质，深受当地群众的喜爱。节庆盛会或者红白喜事，老百姓们总离不开灯戏。

6. 旅游线路图

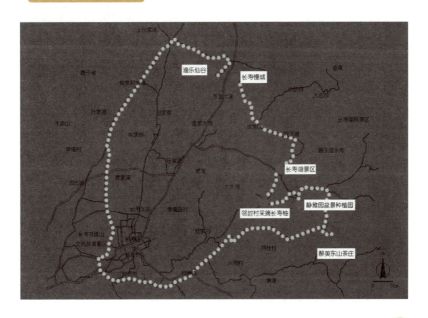

● **创新模式** 时尚慢生活，迎合新需求。在现代农业园区、沙田柚种植园区，主要依托园区企业、沙田柚基地等，重点发展民俗民居、农耕采摘体验、摄影采风、农业科普、农产品销售等旅游项目，打造特色鲜明的乡村旅游主题公园。在长寿湖、大洪湖等河流沿线，重点发展休闲观光、垂钓、养生、游船、健身运动等旅游项目，满足都市人的减压需求。

依托丰富的山林资源，打造一批可供休闲避暑的森林康养基地。开发绿色生态乡村旅游产品。突出农业属性、乡村属性，依托特色农业产业体系，深挖长寿特色农业潜力，大力发展休闲农业、观赏农业等绿色产业，增加游乐、体验等旅游元素，让游客享受乡村之美、自然之美。

● **产品类型** 田园景观、慢生活、观光度假、休闲垂钓。

● **成功关键**

1. 加大对乡村旅游地区基础设施的建设力度，提高乡村旅游可入性与旅游活动安全性、舒适性。

2. 以旅游需求为导向，拓展旅游功能，提升乡村旅游产品供给质量和效益。

3. 开展立体宣传、整体造势，突出品牌效应，提升乡村旅游发展的整体形象。

九、陕西省（商洛市）柞水县　美丽乡村休闲游

1. 特色景区

● **精品点 1：洞天福地景区**　洞天福地景区是由柞水溶洞、古道岭、银杏谷三个独立景区整合而成的，是一个集观光旅游、休闲

体验、康体养生于一体的大型休闲体验区，位于柞水县下梁镇石瓮社区，距柞水县城6千米。柞水溶洞以溶洞、瀑布、古生物化石等地质遗迹景观为主体，辅以丰富的生态景观和人文景观，集科学和美学价值于一体，是中国西北内陆罕见的大型、集中的溶洞峰丛群。

古道岭集中在悬崖绝壁之上，东甘沟口两岸之间，由古驿道、古驿站、悬崖栈道等组成，建设了玻璃栈道、玻璃天桥、极限滑索、玻璃滑道等多项参与性、体验性游乐项目，集奇、峻、险、秀于一体，极目远望，山水如画，置身其中，景色宜人。银杏谷因盘根错节的古银杏而知名，有1 700多年历史，树高约60米，直径9.6米，一雌一雄，当地人称"夫妻"银杏树，为陕西现存时间最长的雌雄古银杏树，有极高的观赏和科研价值。

休闲特色：自然风景、乡村美食、休闲度假。

● **精品点2：金米村** 依托得天独厚的生态环境，围绕"自然资源、休闲农业"的发展定位和打造"秦岭休闲农业小镇"目标，按照"一带四区"的功能布局，建设了立体农业套种产业带和人居环境综合整治区、休闲农业观光体验区、智慧农业种植示范区、农业科技创新先行区。现有智能连栋木耳大棚4个，种植木耳600万袋，还有水果采摘体验园500亩，可供游客采摘。还有中药材和早园竹套种基地500亩、房车营地1万米^2、木耳培训中心、大数据中心等设施可供观光休闲。

休闲特色：自然风景、休闲采摘、科普教育。

● **精品点3：朱家湾村** 位于秦岭南麓，牛背梁山脚下，距柞水县城 15 千米，距西安 60 千米，森林覆盖率高达 95％，负氧离子含量每立方超过 5 万个，是名副其实的"天然氧吧"。围绕美丽乡村建设理念和要求倾力打造了入口形象区、红妙河综合服务核心区、沁园村新型农业综合体、花锦园花卉主题休闲度假区四大片区，塑造神泉圣水、木塔迎宾、竹墙蝶影、云曼花庭、方外居、出尘桥、百亩花海、千米小径等乡村景观，修建了高端民宿云岭小屋、阳坡院子等。

休闲特色：休闲度假、乡村美食、高端民宿。

2. 精品民宿

● **柞水非沙印格艺术酒店** 位于柞水县城，地理位置优越，交通便利。建筑原料采用原石、原沙、原木，以回归自然为主题，游客有别样的体验，带人回归平淡生活。

3. 风味餐饮

● **柞水洋芋糍粑** 柞水洋芋糍粑爽口、营养丰富，有食疗保健作用，夏吃清凉消暑降火，冬吃暖身祛寒防燥，是老少皆宜的风味小吃。

● **柞水腊肉** 柞水腊肉有色、香、味、形俱佳的特点，素有"一家煮肉百家香"的赞语。柞水腊肉从鲜肉加工、制作到存放，肉质不变，长期保持香味，还有久放不坏的特点。此肉因系柏枝熏制，故夏季蚊蝇不爬，经三伏而不变质，是别具一格的地方风味食品。

● **柞水搅团** 柞水搅团所用面粉是粗粮，将苞谷面均匀地搅拌于滚开的锅中，边撒面粉边搅拌，直到把面搅作一团，将做熟的搅团用勺子盛在碗里，浇以酸菜热汤，即可食用。

4. 乡村购物

● **柞水黑木耳** 柞水人在明清时期就从事木耳生产柞水黑木耳中含有碳水化合物、蛋白质、脂肪纤维素，以及铁、钙、磷、胡萝卜素及维生素等物质。据化验分析，每百克黑木耳中含钙375毫克，相当于鲫鱼的7倍；含铁185毫克，相当于鲫鱼的70倍。木耳热炒、凉拌、煲汤均可，用以炒肉，油而不腻；在腊肉中放入木耳，可使腊肉香味更醇厚；在煲汤时放入木耳，可使汤更鲜、更香。

● **柞水核桃** 柞水核桃，有2 000多年的栽培历史。据文献记载，是西汉时张骞从西域带回并植于京都长安的，然而"龙凤之地"不适核桃生长发育，便被移植商洛山中。核桃寻到了"安家落户、发家兴族"的宝地，从而成为一个"旺族"。唐代以后，柞水核桃种植已有相当规模。

5. 乡村民俗

● **柞水渔鼓** 柞水渔鼓是陕西省柞水县的一种民族曲艺形式，

是陕西省独树一帜的非物质文化遗产保护项目。柞水渔鼓声腔曲调源于汉江流域，柞水为中国南北结合区域，境内又有从关中迁往而至的各地人民，南北语言长期杂汇交融，形成了独具特色的柞水方言土语，形成了柞水渔鼓声腔派别。

柞水地处陕西南部，商洛市西北部，中国南北地理分界线秦岭之南麓。柞水县独特的地理位置和历史上多次的移民，带来了丰富的多元文化，形成了南北交融又不失地方特色的地域文化、民俗文化、音乐文化，文化兼秦蓄楚，既有大量楚文化细腻温婉的特色，又有北方文化粗犷豪放的特点。柞水渔鼓分布在柞水县内全境，尤以乡村最为兴盛，逢年过节、红白喜事、丰收庆贺、农闲之时人们均以此为乐。

6. 旅游线路图

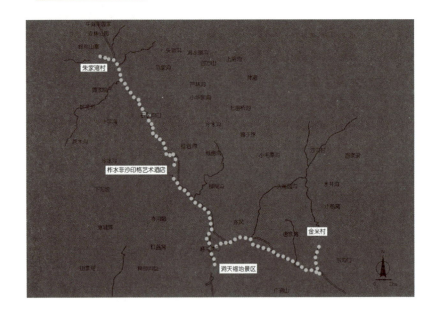

案例分析

● **创新模式** 西北风情，文化休闲。开发渔鼓文化、生态文化、孝义文化，打造休闲度假、生态观光、乡村旅游、人文体验四大旅游产品，以旅游发展带动传统农业向休闲观光业转变、传统农业向观光农业转变。

发展"旅游＋景区"模式，依托洞天福地等景区，发展观光旅游产业发展。在"旅游＋农业"模式下，打造了木耳小镇、菊花小镇等现代休闲农业示范园项目，打造了朱家湾、金米村等一批乡村旅游示范村。发展"旅游＋体育"模式，先后建成了户外汽车营地、九天山国际滑雪场等。

● **产品类型** 自然风景、休闲度假、乡村美食。

● **成功关键**

1. 通过乡村旅游开发，以乡村风情为特色的洞天福地小镇、以木耳科普观光为特色的木耳小镇等新业态集群遍地开花。

2. 产品围绕旅游，以特色旅游商品推动"旅游＋商贸"服务业发展，成为新的经济发力点。

3. 打造旅游产品，优化旅游环境，实现旅游服务由满足基本需求向高质量业态转变，树立起"柞水服务"的品牌形象。

十、青海省（海北州）刚察县、海晏县 梦幻海北·大爱生态之旅

1. 特色景区

● **精品点1：湟鱼家园** 依托青海湖湟鱼洄游的壮美自然景

观，使人们能感受和体验湟鱼为了繁衍生息在生命之旅中展露的母爱的伟大；通过体验青海湖游牧部落的生产生活方式，认识青海湖水生态及周边动植物与当地人和谐共生的生态环保理念，生活在这里的老百姓是"青山绿水的守护者"，更是"金山银山的铸造者"。

湟鱼是青海湖中特有的物种，学名叫作青海湖裸鲤，是国家二级保护动物。每年的端午节至立秋期间，在高原海滨藏城国家AAAA级旅游景区，观赏世界三大鱼类洄游奇迹之一的"湟鱼洄游"的"半河清水半河鱼"的壮观景象。

休闲特色：自然景观、休闲度假。

● **精品点2：中国原子城**　中华民族挺起脊梁的地方，在这里，聆听"做隐姓埋名人，干惊天动地事"的家国情怀及个人奉献，身临其境走进《我和我的祖国》，聆听尕布龙、宽卓太等草原儿女的感人事迹，感受他们的不忘初心、砥砺前行的家国情怀。

休闲特色：科普教育、红色旅游。

2. 精品民宿

●**刚察蕃域藏城林卡酒店**　位于藏城刚察——鱼鸟天堂。这里是圣湖精灵湟鱼洄游观赏区，入住酒店，可以免费参观青藏生态主题馆内别样的生态主题体验空间，还可体验本土特色生态产品，人们可以漫步沙柳河畔，感受生命的轮回。

3. 风味餐饮

●**海晏羊肠面**　海晏羊肠面是青海省海北藏族自治州海晏县的特色小吃。海晏羊肠面汤色淡黄，肠段洁净，肥肠粉白，面条金黄，葱末飘浮，萝卜丁沉在碗中，肠段细脆软嫩，面条绵长爽口，广受欢迎。

● **雪域藏餐**　藏区旅游最重要的是让游客们感受藏文化。雪域圣地，很多内地朋友体验了高原反应的滋味，也应该在高原品味一次藏家宴。藏餐文化是最容易吸引游客的独特的藏式文化，可以通过色、香、味、形、器皿、解说及伴餐舞等全方位的服务加深游客对藏文化的印象。藏餐历史悠久，极具特色。制作藏餐的大部分原料是藏区自产的，品种丰富，味道各异。

4. 乡村购物

● **青稞酒**　青海地区高寒，人们以酒为伴，尤其在一年一度的春节，别有一番"酒趣"。青稞酒的代表产品是互助牌系列酒，以青藏高原特有的粮食作物青稞为主要原料，采用有 300 多年历史的"天佑德"青稞传统酿酒工艺，用科学配方勾兑而成，酒味醇香，清亮透明，具有饮后不头痛、不口干、醒酒快、加温饮用口味更佳的特点。

● **刚察黄蘑菇**　黄蘑菇是刚察县的特色产品之一，其鲜味独特，口感极佳，颇受人们欢迎。它的蛋白质含量极高，富含各种营养物质，具有较高的营养价值和食疗保健作用。刚察黄蘑菇因肉嫩味鲜，营养价值高，被饮食行业誉为生长在草原上的"软黄金"。

● **海晏羔羊肉**　富含人体必需的多种氨基酸，肉色鲜红，肌肉纤维细嫩。海晏县羔羊肉受独特的冷凉性气候影响，具有得天独厚的优势，羊的生长处于半野生状态，特别是羔羊肉，以其肉质细腻、口味鲜美的特点成为青海省畜牧经济的一面旗帜。

5. 乡村民俗

● **回族宴席曲**　回族宴席曲，是回族人在婚礼、喜庆、伊斯兰节日演唱的民歌。又称"家曲""菜曲儿"，广泛流传于青海、甘肃、宁夏等地区，分为表礼、叙事曲、五更曲、打莲花、散曲等五类。这些宴席曲体现了回族群众数百年来生产、生活、爱情、婚姻等方方面面的历史，可以说是全景式表现回族历史的音乐史诗，是研究回族的历史、风俗习惯、语言文学以及文化等的重要资料，是非常珍贵的口头民间非物质文化遗产，被列入中国第二批国家级非物质文化遗产名录。

宴席曲由元代回族中流传的"散曲"演变而来。宴席曲兼具西域古歌和蒙古族古调的特点，同时，又吸收了中国西部各民族的民间音乐元素，其曲调风格几乎吸收了全部西北民间音乐的特点，并且保留着元、明、清时代西北少数民族歌舞小曲的古老风貌。

演唱宴席曲运用的是婉转、细腻、活泼、优美的声腔，有时哀婉凄切。演唱时一般不要乐器伴奏，全凭丰富的声音、表情，伴以舞蹈动作，取得感人的效果。宴席曲既长于抒情，又善于叙事，优美朴素，人们参加回族的婚礼、伊斯兰节日，或在回族同胞家中做客时，常常会听到优美的回族宴席曲。

6. 旅游线路图

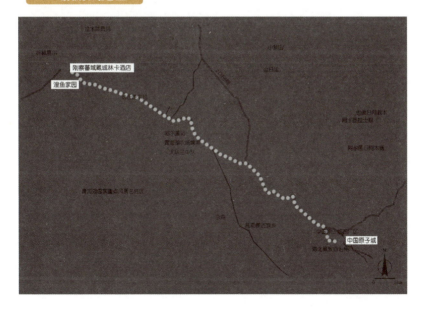

● **创新模式** 红色高原，科普休闲。发展原子城等红色旅游景点，广泛宣传设计合理的旅游路线，挖掘旅游产品的文化内涵，提高旅游产品文化浓度。重视旅游文化建设，深入挖掘产品中的历史、民俗、传统等元素，营造良好的旅游文化氛围。

在发展和建设自然风光景点时，尽可能把民族特色和地域特色融为一体。加大旅游吸引物的建设力度，体现多民族之间的文化交流。制定统一的旅游商品发展规划，立足现有的自然、人文资源，突出地域特色，建立湟鱼家园等特色旅游精品点，满足不同游客的需求。

● **产品类型** 科普教育、红色旅游、休闲度假。

● **成功关键**

1. 加强文化建设，建立具有海北特色的文化旅游体系。

2. 打造具有民族特色和文化特色的旅游路线，达到"人与自然和谐统一"的目的。同时采取积极的态度增加独具特色的旅游活动，吸引游人。

3. 加强品牌建设，增强旅游商品的核心竞争力。

第六章 冬季乡村旅游线路

一、 天津市蓟州区　冬日休闲，拾趣津郊

1. 特色景区

● **精品点 1：盘山滑雪场**　位于天津市蓟州区 AAAAA 级风景名胜区——盘山的南侧，冬季主打高山滑雪、急速雪地摩托车、雪圈、雪爬犁、雪地悠波球等项目。滑雪场内全部采用国际先进设备，有国内外顶级配置压雪车、雪地魔毯、雪地摩托等，可满足每天 5 000 人次的滑雪娱乐需求。配套中西餐厅、多种规格的雪场专属酒店客房，为游人提供温馨服务。

● **精品点 2：小穿芳峪雪乡**　位于蓟州区小穿芳峪乡野公园

内，这里不仅可以欣赏美丽的冰挂，还能尽情地玩雪、赏雪、观灯光夜景。雪乡举办冰雪节，推出雪野寻宝、冰滑大赛、旗风展示等活动。游览之余，还可以在茶香氤氲的书吧品读自己喜欢的书籍，或者捧一杯暖热馨香的咖啡，在阳光房内听音乐，观雪景，沉淀心情。

2. 精品民宿

● **不知山乡宿**　房间古香古色，装修很好。坐落于八仙山，是一家一去就会被惊艳的民宿。花草绿植遍布，依山傍水。明镜般的水面，倒映出山林秀色，给人一种身处江南的感受。而且环境高端卫生，能住得超舒适！

● **玉石庄园民宿**　坐落于盘山的东门，既能住情怀，又能睡风

景。推开门窗，秀美山景尽收眼底，邀清风，对明月，饮一杯矿泉水，走一走千年石板路，闻一闻浓浓的松柏香，听一听悠扬的晨钟暮鼓，适合人们发呆、放空，或是做一场美梦。

3. 风味餐饮

● **咯吱盒** 咯吱盒以大豆为关键材料，白面粉、黏面为辅材，将大豆磨好成浆状，放进姜黄、白面粉、黏面混合成糊糊状，放到大铁锅中摊成块状，放进锅中炸透，可口爽口，食后仍让人意犹未尽，蓟州区的每个市集均可购买。

● **豆腐乳** 豆腐乳是一类以霉菌为关键菌的黄豆发酵食品，成分与水豆腐相仿。含有丰富的维生素 B、植物蛋白、钙、磷等，能开胃、促进消化。

● **回过头** 这类特色小吃既可煎炸又可水煎。在做好的条形鲜面条上摆好牛肉馅后再折回去，两边缠紧，是为回过头。

● **炸花椒芽** 炸花椒芽是农家院菜肴。从花椒树上拣新鲜叶芽采摘，外边裹木薯淀粉、盐，入锅炸，待花椒芽呈嫩黄色就可以捞出来，端上饭桌就能够享用了。

● **炒柴鸡蛋** 炒柴鸡蛋是游人在农家乐就餐时的必点菜。蓟北地区的柴鸡蛋多生自山坡地散养鸡，别称柴鸡，该鸡选用天然饲养方式，主要饲料是自然界的野虫、草种等。

● **州河鲤鱼**　州河鲤产于天津蓟州区于桥水库，于桥水库的水生生物资源十分丰富，有多种浮游植物和底栖生物。

州河鲤的生长过程无需投放饵料，依靠水库中的天然饵料，自然生长。水库特殊的地理地貌，优越的水源环境，持续的生态保护，形成了州河鲤独特的外形和肉质紧实、口感滑韧、味道鲜香的特点。深秋时节，州河鲤最为丰腴肥美，是蓟州区一道远近闻名的招牌菜，吸引大批京津冀等周边地区的游客前来品尝。

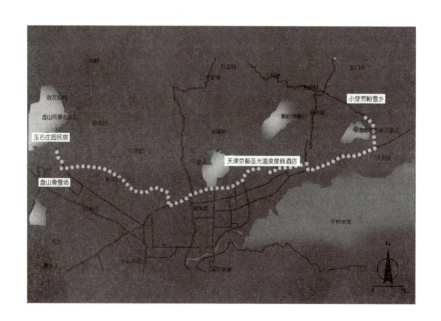

● **创新模式**　立足京津，玩雪赏雪休闲游。蓟州依托独特地理优势，市场环境优越，重点抓源头，突出旅游供给。建设玉石庄园民宿、盘山滑雪场等一批高水平旅游综合体，景区、休闲、设施三大旅游形态逐步形成，关联配套产业不断完善。

强化旅游业的主导地位，确定了"全面推行旅游＋，坚持以休闲旅游业为龙头，带动文旅、农旅、商旅、工旅融合，促进各产业全面融合、产城深度融合、城乡发展融合"的发展路径。优化旅游布局，实现全域化建设。

● **产品类型**　冬日休闲、雪上运动、特色民宿。

● **成功关键**

1. 以国家重点风景名胜区、世界文化遗产、全国重点文物保护单位、国家地质公园、国家级自然保护区等高品质景区为核心吸引物，以山区、库区、平原乡村为拓展空间，以古城、新城、产业园和爱国主义教育基地为旅游文化产业集聚区，形成全域旅游发展新格局。

2. 举办主题活动，发挥宣传推介对旅游业发展的强大推动作用。

二、河北省（保定市）易县　冬季滑雪，生态采摘

1. 特色景区

● **精品点 1：狼牙山雪村**　狼牙山雪村包括两个滑雪场和一个戏雪乐园，冬季活动有单板比赛、雪地足球赛、冰上陀螺比赛、冰上自行车比赛、雪球大战、冰雪进校园、狼牙山滑雪场冬令营、保定市冰雪运动会等，民俗活动有花会表演、跑灯、篝火、赶年集、办

年货、特色农产品展示等。

●**精品点 2: 恋乡·太行水镇** 位于京津冀一体化核心区——全国首批全域旅游示范县易县，处于京西百渡度假区中心枢纽地带，是一处真正"望得见山、看得见水、记得住乡愁"的地方。恋乡·太行水镇将民俗街镇、乡村农场、田园营地、乡韵社区、风情民宿、乡村乐购汇于一体，立足"旅游＋"理念，打造乡村旅游综合体。

●**精品点 3: 百泉生态园** 集现代农业（种植、采摘、科普、农耕体验等）、休闲旅游（水上娱乐、冰雪世界、垂钓、拓展团建等）、田园社区（生态餐饮、康养住宿等）于一体，以构建"田园综合体"为奋斗目标的综合项目园区。百泉生态园位于易县梁格

庄镇南百泉村，面积约 3 000 余亩。雪场整体面积达 30 000 米²，其中雪场区项目除基础的成人超长滑雪道、儿童短滑道外，还包含悠波球、雪地坦克、雪地摩托、雪上飞碟等多项惊险刺激的雪上项目。冰场区则主要以冰上碰碰车、冰上自行车、冰上爬犁、冰上碰碰球等项目为主。

2. 精品民宿

● **狼牙山林溪山居民宿**　位于美丽易县狼牙山景区附近，距离狼牙山景区 6 千米、狼牙山水上乐园 15 千米、狼牙山滑雪场 15 千米、易水湖景区 29 千米，现有独立庭院两套，有独立厨房可做饭，庭院配备茶室、麻将室、休闲区、儿童娱乐区。

3. 风味餐饮

● **驴肉火烧** 发源于河北古城保定，广泛流传于冀中平原，其中以保定北部徐水区的漕河地区历史最为悠久。走在保定的街头，很特别的一道景观便是随处可见的驴肉火烧小吃摊，可以说，驴肉火烧这一名吃已经融入了保定普通人民的生活中，成为保定饮食文化很重要的组成部分。

● **鹿尾（yi）儿** 在西陵，每逢过大年，满族群众几乎家家都要做酱肉、香肠、米粉肉、白肉等各种菜品，用来招待贵客。在这些菜品中，鹿尾儿是一道满族独有的美味。

● **百泉清真风味食品** 主要集中在百泉清真风味食品一条街上，位于清西陵景区，以经营涮羊肉为主，所用羊肉选取自然放养的山羊，当日屠宰加工，久涮不老，细、嫩、鲜、香。同时还有羊肉串、炖羊排等产品。

4. 乡村购物

● **酸枣汁** 酸枣汁是易县特产之一，它不仅是物美价廉的饮品，又是酸甜可口的保健品。夏日炎炎，酸枣汁与啤酒勾兑饮用，消暑开胃。

● **易县磨盘柿** 易县磨盘柿尤以"九月九"牌磨盘柿最为著名，全县种植面积 16 万亩，240 多万株，年产量在 5 000 万千克上，1998 年被国家林业部命名为"中国磨盘柿之乡"。

5. 乡村民俗

● **易水砚制作技艺** 始于战国，盛于唐宋。易水砚质地细腻，硬度适中，发墨快，不伤笔毫，墨汁滋润，不易蒸发干涸，具备上佳砚石所要求的发墨、储墨、润笔、励毫四大条件。2008 年，易水砚制作技艺入选中国第二批国家级非物质文化遗产保护名录。

● **摆字龙灯** 因龙体内置灯并可用龙体摆出各种字形得名，又因龙体分节而有"节龙"或"段龙"的别名。从清朝乾隆年间到民国初年，摆字龙灯是西陵守陵衙门拜年时的表演活动，舞龙者均为守陵人员。摆字龙灯也时常进皇宫表演，并多次受到奖赏，慈禧太后曾赏赐龙衣2套、红蜡烛3箱。20世纪20年代以后，取消清西陵守陵机构，守陵人员转为农民，摆字龙灯才真正成为表达农民意愿的民俗。

6. 旅游线路图

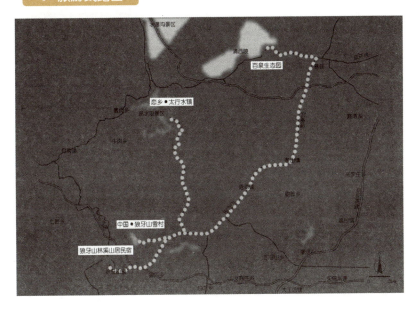

🔍 **案例分析**

● **创新模式** 以红色旅游为基础，发展冬季休闲度假。以狼牙山景区为发展动力，扩大现有狼牙山景区的季节性问题，发展狼牙山雪村，规划建设集旅游、乡村旅游、冬日休闲、自然山水观光等形式于一体的狼牙山风景区。

围绕"山、水、红、文、乡"五大核心资源，建设旅游精品工程，构建以休闲度假为核心，以精品项目为支撑的多元化旅游产品体系，重点培育和完善休闲度假、养生康体、乡村体验、遗址探秘、红色旅游、冰雪野趣六大系列旅游产品。

- **产品类型**　自然风光、冰雪运动、养生康体。
- **成功关键**

1. 以"旅游型小镇"或"特色景观村镇"的创建工作为龙头，加强旅游集散地建设力度。

2. 整合区域旅游资源，加快完善基础配套设施，建设一批乡村酒店和商业、娱乐等旅游服务设施，全面提高旅游接待水平。

3. 从文化方面延伸创意，策划卖点，审视调整易县文化类旅游产品。

三、内蒙古（呼伦贝尔市）扎兰屯市、根河市、鄂伦春自治旗　呼伦贝尔乡村冬季休闲游

1. 特色景区

● **精品点 1：五星村**　位于扎兰屯市卧牛河镇西南部 7 千米处，自然风光秀美，民俗风情浓郁，被称为"闯关东最后一村"。依托辖区内冬季旅游胜地金龙山滑雪场和昂勒小镇建设，五星村成功打造了集滑雪、休闲度假、观光、"农家乐"民俗体验于一体的旅游产业。场内配套设施齐全，有 6 套不同等级的专业滑雪道，还有先进的大型造雪设备、专业的滑雪教练队伍和独特的人性化服务，被誉为"东北最具魅力的滑雪场"。

● **精品点 2：冷极村** 位于根河市金河镇冷极村，即内蒙古大兴安岭腹地，占地 300 公顷，这里风光秀丽，景色独特，旅游资源更是丰富，保持了高海拔地区生物多样性。在这里您可以感受到丰富多彩的民俗文化，品尝到风味独特的森林特色饮食，体验到特有的冬季娱乐活动。走进冷极村，可以真正领略到"越往北越冷，越冷越热情"的北国风情。

● **精品点 3：多布库尔猎人部落旅游景区** 多布库尔猎人部落旅游景区是鄂伦春族群的栖息地。利用自然景观，精心打造冬季精品旅游线路，严冬季节的旅游景区更能体现大自然的宠爱，各种冰峰雪景和各种娱乐设施，为体育爱好者搭建舒展身体、放飞心情的舞台。每年举办的冰雪伊萨仁活动，有全旗各民族文艺汇演、冰雪雕观赏、冰雪体育运动会、冬季竞走比赛、单双人自行车比赛和篝火晚会等，让寒冷的冬天越冷越动人。

冰雪伊萨仁篝火盛会

2. 精品民宿

● **呼伦贝尔中华传统宾馆** 坐落于河西区的呼伦贝尔中华传统宾馆，让人们在呼伦贝尔拥有别样的体验和一段难忘的旅行。从酒店到海拉尔东山机场有 8 千米远，到加格达奇站有 469 千米，均很便捷。呼伦贝尔大草原和世界反法西斯战争海拉尔纪念园都在酒店周边，入住旅客想在该地区畅游会很方便。客房的装饰十分考究，每间客房都设施齐全。有饮水需求的旅客，酒店还提供了电热水壶。

3. 风味餐饮

● **手把肉**　手把肉是呼伦贝尔草原蒙古、鄂温克、达斡尔、鄂伦春等游牧狩猎民族千百年来的传统食品，即用手"把"着吃肉之意。羊、牛、马、骆驼等牲畜及野兽的肉均可烹制手把肉，但通常所讲的手把肉多指手把羊肉。手把肉是草原牧民最日常和最喜欢的餐食，也是他们招待客人必不可少的食品。

● **烤全羊**　烤全羊是蒙古的餐中至尊。烤全羊蒙语称"昭木"。据史料记载，它是成吉思汗最爱吃的一道宫廷名菜，也是元朝宫廷御宴"诈马宴"中不可或缺的一道美食。

4. 乡村购物

● **扎兰屯黑木耳**　扎兰屯黑木耳生产历史悠久，从康熙二十八年（1689）就是当地招待贵宾不可缺少的佳肴，被称为"素中之荤"。栽培扎兰屯黑木耳采用多年生长的柞木段或柞木锯末，用人工栽培方法进行生产。特征表现为：黑色半透明、型如人耳、耳朵硕大、肉质肥厚、口感清脆、体态宛如莲花，并含有蛋白质、钙、磷、铁、维生素 B1、维生素 B2 等。

● **根河卜留克**　"卜留克"是俄罗斯语的音译，学名叫芜菁甘蓝，产于大兴安岭原始森林林间空地。经测定，"卜留克"含有人体需要的 17 种氨基酸及 25 种矿物质元素，堪称蔬菜家族中的营养之王。

5. 乡村民俗

● **二人台**　二人台是流行于内蒙古中、西部地区和晋北、陕北、河北张家口等地的民间小戏。其原始曲调来自当地的民歌，如由内蒙古中、西部地区汉族民歌演变而成的唱腔"打樱桃""压糕面""打后套"等，由晋北民歌演变而成的唱腔"走西口""五哥放羊""珍珠倒卷帘"等，由陕北民歌演变而成的唱腔"送大哥""十里墩""绣荷包"等，由蒙古族民歌演变而成的唱腔"阿拉奔花""王爱召"等，冀北民歌"十对花"，江淮民歌如"茉莉花""虞美人"等。

6. 旅游线路图

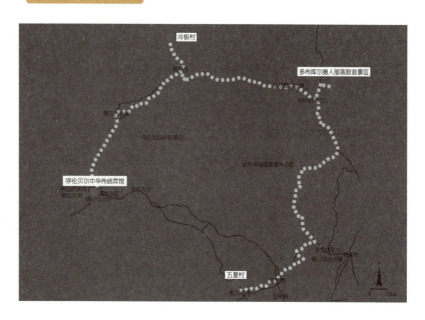

🔍 **案例分析**

● **创新模式** 充分利用独特气候，文旅融合发展冰雪游。合理开发利用自然资源，依靠生态系统建设精品生态乡村示范点。发挥冰雪旅游特色，打造具有呼伦贝尔特色的旅游节点。

建设和建造旅游点的同时追求民族特色，让游客体会到当地的特色文化和传统习俗、民间艺术、民族风情等。同时开发和特色旅游项目配套的游乐设施，充分利用传统节日，增强复合型旅游。

● **产品类型** 民族会演、冰雕观赏、冰雪运动。

● **成功关键**

1. 利用中国最冷气候作为旅游卖点，吸引旅游市场关注。

2. 面向市场、搞好特色、突出重点地发挥内蒙古的民族优势，发展具有民族特色的旅游产品。

3. 打造精品旅游项目，完善旅游基础设施建设。

4. 全面打造民族文化品牌，促进相关产业的发展。

四、辽宁省（大连市）庄河市　庄河冬季温泉滑雪游

1. 特色景区

● **精品点 1：步云山温泉生态度假区**　人在山上行，云在脚下飘，故曰步云山。辽南第一高峰，山势险峻，层峦叠嶂，怪石嶙峋，千姿百态，林木茂密，景观奇特。丰富的地热资源，造就了远近闻名的步云山温泉度假区。区内建有日式露天温泉、戏水游泳馆、五小莲池天泉浴、万盘石磨大世界等，能享受日式温泉浴、火龙浴、冲浪浴等各式温泉洗浴，体验温泉祛病、健体、养颜的独特功效。此外，还可品尝绿色农家饭，参与垂钓、烧烤和篝火晚会等，尽享"大连十大浪漫景点"的浪漫与惬意。

● **精品点 2：天门山冰雪大世界**　位于国家 AAAA 级旅游景区——大连天门山国家森林公园内，这里林密雪厚，风景壮观，晶莹剔透的树挂，美不胜收的雪景，让人置身于神奇的冰雪童话

世界。天门山冰雪大世界充分利用英纳河的优越水资源，冰面大，雪量厚，冰质优，是辽南地区唯一一家纯天然的真冰场地，是冬季滑冰戏雪的绝佳选择。

2. 精品民宿

●**山居秋暝民宿**　位于庄河大营镇银石滩国家森林公园南门，临近娄家屯、大营镇人民政府，周边便民设施齐全，出行便利。

山居秋暝民宿（庄河冰峪沟店）为古典园林风格建筑，于闹市中另辟蹊径，园内园外皆宜修身养性，为久居城市的人们带来超然的宁静。客栈拥有精美的客房，房间简洁明亮，房内设施齐全，更有地道的农家菜，让人尽享舒适和乡情的味道。民宿距冰峪沟10千米，距歇马山庄1千米。

3. 风味餐饮

●**干烧辽参**　干烧辽参是一道家常菜，成菜脆香，营养丰富。辽参是指黄渤海分界线旅顺口所产的六棱刺参，该参生长发育缓慢，极耐严寒低温，在漫长冬季里能存活，自然淘汰率极高，只食用一种海藻。

●**绒山羊汤**　素有"国宝"之称的绒山羊，是庄河北部山区的特产，绒山羊汤则是庄河的一特色美味。每年8月，是品尝绒山羊汤的最佳时节。庄河羊汤色泽光亮，呈乳白色，汤质优美，营养丰富，不膻不腥。

4. 乡村购物

● **庄河牡蛎** 庄河市是牡蛎的主要产区，毗邻黄海，是全国重要的海产区。牡蛎又叫生蚝，是一种经济型养殖物，牡蛎可以出产珍珠，也可以食用它的肉。在大街上处处可以见到烤生蚝的招牌，生蚝就是牡蛎。庄河牡蛎有补肾美容的作用。

● **庄河杂色蛤** 庄河海水资源极其丰富，享有"东方蚬库"之美誉，中国第一船规模性出口的活杂色蛤就是从这里装运发往日本。"海日"牌杂色蛤达到了国家有机食品和绿色食品标准，因其品质纯正，味美肉鲜，深受外商青睐。2008年，国家授予杂色蛤国家级标准示范区称号。

5. 乡村民俗

● **长海号子** 长海号子是流行在大连长海地区的一种富有海岛特色的劳动号子。长海号子内容丰富，调式各异，是渔民们在从事渔业生产时的艰苦劳作中创作产生的，反映了广大渔民的乐观精神，是我国民族音乐宝库中的珍贵财富。

6. 旅游线路图

● **创新模式** 冰火交融，打造原生态乡村资源。利用优越的生态环境，打造乡村旅游的特色品牌，引入更多文化元素。全面提升乡村旅游的文化内涵，大力推动"生态＋文化"的乡村旅游产业创新发展模式，不断满足消费升级的需求。

将民族文化融入乡村旅游中，开发民族风情表演、民族风味小吃、民族特色产品、民族服装等民族文化旅游项目，以浓厚的民族文化作为少数民族集聚区域的旅游特色。

● **产品类型** 自然观光、特色美食、特色民宿。

● **成功关键**

1. 将民族文化、乡土文化、产业文化、历史文化、宗教文化、餐饮文化、节庆文化等元素注入乡村旅游产品设计中。

2. 开发典型的农村风貌、农村习俗、农村节庆、民间技艺、民间表演等作为乡村旅游的特色重点项目。

3. 通过打造各类节庆活动，扩大乡村旅游的影响力，为庄河乡村旅游增添文化色彩。

五、黑龙江省（大兴安岭地区）漠河市　北极冰天雪地风情游

1. 特色景区

● **精品点 1：北极村** 北极村是国家 AAAAA 级旅游景区，素有"金鸡之冠""神州北极"和"不夜城"之美誉，是全国观赏北极光和极昼极夜的最佳地点，是中国"北方第一哨"所在地，也是中国最北的城镇。北极村凭借中国最北、神奇天象、极地冰雪等独特的资源景观，被列入最具魅力旅游景点景区榜单之中。北

极村不仅是一个历史悠久的古镇，它逐渐成了一种象征、一个坐标，每年都有世界各地的游客来此体会那份"最北的幸福"。

●**精品点 2：北红村**　位于漠河市东北部，黑龙江上游，中俄交界处。俄罗斯后裔占到了 40% 以上，是著名的俄罗斯族村，也是中国最北端的原始村庄。北红村三面环山，黑龙江由西向东从村北穿过，是远离城市喧嚣的净土。

●**精品点 3：洛古河村**　位于南源额尔古纳河与北源石勒喀河汇合的汇合处，又名黑龙江源头第一村，洛古河江段长 200 多千米，沿江两岸风光宁静幽美，乘船去龙江源头，还可以看到对岸

的波克罗夫村。洛古河村风景秀丽，统一的"木刻楞"建筑风格，是大兴安岭地区原始风貌保存最好的村落，2016年被评选为"中国最美乡村"。

2. 精品民宿

● **漠河蓝孔雀酒店**　坐落于北极村元宝山脚下的公务接待区中段核心地带，毗邻百花园、观光塔，交通便利，北侧是美丽的黑龙江，与俄罗斯隔江相望，南侧是景色秀美的元宝山和十里长湖。房间宽敞舒适、典雅大气，婉约美丽的各类型客房，使人们在感到温馨的同时，还可领略迷人的自然风光美景，拥有惬意的入住感受。无论是隆重的宴会或轻松的聚餐，美食餐厅均可满足人们品尝精致珍馐的需求。

3. 风味餐饮

● **鳕鱼炖豆腐** 鳕鱼是漠河特产的珍贵冷水鱼之一，用它炖豆腐，营养丰富，鲜上加鲜。但这道菜季节性比较强，夏秋鳕鱼肉肥，且打捞量多，40元左右就吃得到；如果是冬天，河面冻结，鳕鱼就非常难得，而且肉比较少，菜价也要相应贵些，差不多60元左右一份。

● **烤狗鱼** 狗鱼在产区的天然产量很大，肉质细嫩洁白，除稍带草泥味外，实不亚于鲤、鲫或大马哈鱼。狗鱼是漠河特产的冷水鱼之一，夏秋季节尤其多。当地人的吃法多数是红烧和烧烤。夏天漠河北极村的烧烤摊也很多，几乎家家都会做这个菜，几元钱一条，味道非常鲜美。

4. 乡村购物

● **中国北极蓝莓** 产自大兴安岭的原始森林，常年生长在冻土中，能抵御－50℃的严寒，是一种无污染的天然浆果。大兴安岭是黑龙江省乃至全国生产绿色食品的重要区域之一，特别是野生蓝莓储量占全国的90％以上，占全世界的30％。

● **漠河大马哈鱼** 名贵的大型经济鱼类，体大肥壮，肉味鲜美，可鲜食，也可熏制，加工成罐头有特殊风味。盐渍鱼卵即有名的"红色籽"，营养价值很高，在国际市场上享有盛誉。

5. 乡村民俗

● **漠河放灯节** 每年夏至，许多恋爱中的青年男女于傍晚时分，都会携手来到黑龙江边的放灯台上，点燃自己亲手制作的江灯，许下自己的心愿，放飞他们对未来生活的美好企盼。一时间，千百只五彩缤纷、姿态各异的江灯随波漂荡、缓缓游动，亮着希望之光，与天上的星星相互映衬，远远望去就像一长串萤火虫随着江水飞舞，是一道十分绚丽的风景。

近年来，放灯活动大有突破常规的趋势。许多年轻人只要心有所想，就会在任意一个傍晚来到黑龙江放下一只江灯，默默看着它随江水漂去。让承载着自己心愿的江灯在夜色中闪烁着点点金光向远方漫游而去，寄托了人们对生活、事业、人生及亲朋好友的美好祈愿和祝福！

●**漠河市夏至节**　夏至节是漠河北极村独有的一个节日。按照北极村人的习俗，每年夏至这一天，北极村的人们都会自发来到黑龙江边，点起篝火，边跳舞边等待北极光的出现。

夏至这一天，北极村是中国白昼最长的地方。太阳从落山至初升只有 3 个多小时，因大气和地面物对阳光的散射，夏至前后的几天里基本没有严格意义上的黑夜，所以，人们把夏至的北极村称为"不夜城"。

北极村由于纬度较高，在夏季产生了白昼现象。这些因素结合在一起，就使北极村成为观测神奇极光的最佳地点。又由于漠河位于北半球，所以人们通常把在漠河所看到的极光称为北极光。北极光的形状很多，在漠河出现过的，有条状的、带状的、伞状的、扇状的、片状的、葫芦状的、梭状的、圆柱状的、球状的等。北极光赤、橙、黄、绿、青、蓝、紫各色相间，色彩分明。由初升到消逝，变幻莫测，五颜六色，缤纷绮丽。

6. 旅游线路图

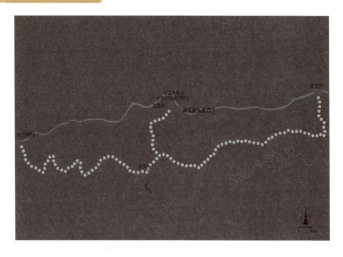

●**创新模式** 打造中国"北极"冰雪特色游。景区重视乡村振兴，在深度契合依托北极村、北红村等景区品牌理念的基础上进行，依据客源市场及本身特点开发深度乡村体验产品，充分调动食、住、行、游、购、娱六大旅游要素，充分阐释乡村风俗民情。让纵向的乡村体验与横向的景区观光形成优势互补，依托景区优势，打造特色乡村旅游发展道路。

构建文化特色，叠加吸引力，实现游客从踏入漠河的一瞬间就有跨入北极的感受，开启全新的"北极"之旅。用"神州北极，童话漠河"等主题对漠河各个重要景区和服务节点进行包装设计，全面构建"北极漠河"的形象。

●**产品类型** 特色文创、特色民宿、冰雪风光。

●**成功关键**

1. 丰富景区内部旅游业态，构建多元化的旅游业态，使游客在白天和夜晚都能有丰富的休闲娱乐方式。

2. 从北极村景区地域文化出发，将特色文化元素融入游客的旅游生活体验中，让游客随时随地都能够感受浓郁的北极村地域特色，能够参与各种体验娱乐活动。

3. 树立规划建设与推广营销同等重要的发展思路，结合"互联网＋"以及"智慧旅游时代"等形式，打造漠河特色冰雪旅游示范区。

六、浙江省（衢州市）开化县 康体醉氧民俗体验游

1. 特色景区

●**精品点 1：根宫佛国文化旅游区** 根宫佛国文化旅游区是国

家 AAAAA 级旅游景区、国家生态文明教育基地、国家文化产业示范基地，有福门祥光、云湖禅心、集趣斋、天工博物馆、醉根宝塔等近 30 个景点。园区规模大，类型丰富，涵盖地方景观、水域风光、遗址遗迹、建筑设施、人文活动、气候景观等，观赏游憩价值极高，是世界唯一的根文化主题旅游区。

● **精品点 2：益龙芳开化龙顶茶文化园**　益龙芳开化龙顶茶文化园是一座以"茶文化"为主题，包含茶博馆、茶旅游、茶生产、茶创意、茶科技、茶研学、非遗体验等多种业态的综合型文化茶园。园区有四大功能区域，分别为茶文化展示区、茶生活休闲区、茶生产体验区和茶采摘体验区，是可参观、可休闲、可体验、有收获的深度文化创意茶园。

● **精品点 3：醉荷潭头**　潭头村文化底蕴深厚，古木环绕，河水悠悠，荷池映日，是具有千年历史的畲族村，素有"一潭头、二裴口、三青阳、四界首"之称。2015 年，潭头村成功创建国家 AAA 级旅游景区，并举办三届畲乡文化节，"醉荷潭头"知名度日益提升。

● **精品点 4：古田山自然保护区**　国家级自然保护区，国家 AAAA 级旅游景区。古田山景色秀丽，古木参天，冬暖夏凉，风景奇特，有原始次生林、大小瀑布 30 余处，有"极目楚天、登高而望"的瞭望感受。

2. 精品民宿

● **花筑·开化西越霄龙民宿**　花筑·开化西越霄龙民宿位于衢州市开化县平川村，距离江西世界自然遗产、国家 AAAAA 级景区三清山约有 30 分钟车程，距离开化县根博园"根宫佛国驾车约 30 分钟。民宿位于 351 国道旁，距离开化县约 42 千米，距离杭长高速约 5.7 千米。

民宿结合当地特色，以仿古徽派风格为主，群山环绕，碧水相拥。建筑面积 4 000 多米^2，客房 42 间，独栋庭院房 4 栋。房间均配备全实木家具，每个房间均配有冰箱、淋浴器、智能马桶、50 寸高清电视、挂壁式纯净直饮机，民宿园内更有龙岛、弥勒庙、棋亭等若干景点。

3. 风味餐饮

● **开化清水鱼**　开化清水鱼是开化的十大名菜之一。要选用活水里生长的分量适中的草鱼。做法也很简单，只要放一点开化土产的紫苏煮制即可。

● **开化青蛳**　又称清水螺蛳，是浙江省开化县传统的汉族名吃。它和一般的螺蛳不同，黑色细长的外壳里面是灰绿色的鲜肉。长在钱江源头开化地区的溪水等活水中的螺蛳，因为泥少干净，被当地人称为清水螺蛳。

● **开化汽糕**　开化汽糕是浙江省衢州市开化县的特色小吃。汽糕的菜料有很多种，如香干丝、笋干、虾皮等。曾经最有名的就是"钱江源第一糕"。每年的农历七月十五（也就是传统的七月半，又叫"鬼节"），开化各家各户都要蒸上几笼汽糕，这是人们祭拜祖先的必备供品，这一习俗一直延续至今。

4. 乡村购物

● **开化龙顶**　钱江源开化县龙顶名茶是中国特级名茶，素有"滚滚钱江潮，壮观天下无"的美誉，又有"一叶龙顶羞群芳"的美称。龙顶名茶采用高山良种茶树，经传统工艺精制而成，具有外形挺秀、银绿披毫、内质香高持久、鲜醇甘爽、杏绿清澈、匀齐成朵的独特风格。

● **开化板栗**　开化板栗是传统产品，系华南品种，果大且糯，栽培历史悠久，曾为出口日本的主要外贸产品。近年来，开化县按照苗木良种化、基地规模化的要求，引进诸暨魁栗和毛板红，已建板栗基地5万多亩。

5. 乡村民俗

● **高跷竹马**　霞山的高跷竹马是由"高跷""竹马"两种艺术

形式结合而成的民间舞蹈，流传于浙西开化县霞山乡一带，始于明朝成化年间。

所谓高跷竹马，即在脚上梆上一米多高的木制踩脚，身上套着五色竹马、身穿戏曲行头、头带戏曲帽子，模仿成唐代八大开国元勋的形象，乘骑竹马进行表演，通常于元宵、春分、冬至等节假日表演，寓意国泰民安。

高跷竹马以行进式表演为主，表演时一面大旗开道，八马相随，伴随节奏，走出各种阵式，象征吉祥和光明。其舞蹈动作有高跷劈叉、翻跟头、交叉舞步、八字阵、鲤鱼翻花等，难度较高，通过历代艺人不断的改良，人物从 9 人增加到 16 人，使霞山高跷竹马的观赏性得到很大的提高。

6. 旅游线路图

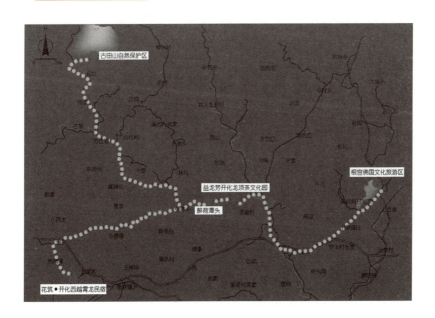

●**创新模式** 依托长三角唯一一个国家公园，发展滨水休闲产业。挖掘传承美食文化和传统文化。建设以现代农业为基础，以生态山水环境为依托，以郊野休闲度假为特色，集科技农业、休闲运动、观光览胜、艺术创作、科普教育等功能于一体的综合产业片区，打造城乡统筹的标杆园区。

依托百里黄金水岸线，打造绿道系统。治水与造景相结合，大力实施河道绿化、彩化、美化工程，将主河道打造成亲水型、生态型、景观型河道，同时积极发展多元化水上项目，发展观赏型潭头荷花园、亲水型金溪砸碗花湿地公园、挑战型福岭山漂流等水上项目，将水的元素活用在开化旅游中。

●**产品类型** 人文活动、自然风光、文化创意茶园。

●**成功关键**

1. 通过"景区区域化"的方式整合零散、小规模的景点，形成旅游核心区域。

2. 举办具有影响力的特色节庆活动，依托生态环境，打造具有康体民俗特色的旅游景点。

3. 积极推进智慧旅游建设，有机整合电子商务资源，实现电子商务与旅游产品的有机融合。宣传开化旅游，提升开化受关注程度。

七、 安徽省（安庆市）岳西县　大别山温泉养生·深山赏雪之旅

1. 特色景区

●**精品点 1：天悦湾温泉度假村**　突出温泉沐浴文化和养生文

化主题，分为花卉养颜区、养生药疗区、绿色农品区、天悦湾主题区、激情动感区、乐活美食区、至尊汤屋区、广场体验温泉区等 11 个功能小区。园区共有 42 个特色温泉泡池，包含药浴温泉、花卉温泉、水上乐园（冲浪池、儿童池、滑道）、室内泳馆、室内 SPA 水疗池、美食坊、汤屋等。

●**精品点 2：瓦窑岗农庄**　占地面积 4 000 多米^2，建有徽派风格的楼房两幢、全木质结构木屋两幢、厨房餐厅一幢，拥有客房二十四间，可同时接待 40 多人住宿、100 余人就餐。设施齐全，拥有休闲凉亭、茶座、娱乐室、会议室、民俗展、钓鱼塘、生态观光园等，实现了无线网络全覆盖和安全监控。

● **精品点 3：大别山滑雪乐园**　充分利用得天独厚的地域优势，把海拔高、气候适宜、雪期长作为发展冰雪运动的突出优势，建成大别山滑雪乐园。该滑雪乐园山体海拔 1 010 米，总面积 4 万米^2，有初、中、高级雪道和两条彩虹滑道，配有从德国和瑞典进口的压雪车、造雪机和日本进口滑雪板等先进的雪场专用设施、设备，拥有安徽省及周边最大的"川"字形滑雪场地。

2. 精品民宿

● **岳西清溪行馆民宿**　位于大别山区的一颗明珠——安徽岳西县。这里有 5 个 AAAA 景区，还有鹞落坪国家自然保护区。民宿所在的石关乡是"夏天喝稀饭不淌汗"的避暑好所在。特别适合

自驾游。民宿依山傍水，一条小溪流经门前，设有泳池、阳光书房、共享厨房等。

3. 风味餐饮

● **五谷豆粑**　五谷豆粑传说是心灵手巧的七仙女用五谷杂粮为原料，用纯净甜润的天仙河水调配，精心制作而成的。因其原料均为五谷杂粮，营养丰富，口味鲜美，食用方法简单，一直流传至今，成为天仙河畔百姓过年时吃的传统美食。

● **糯米圆子**　糯米圆子是岳西人逢年过节必备的一道菜肴。它历史悠久，春节时家家必做，几乎成了过年的象征。各家所做的圆子互相赠送，互相品赏，增进了邻里感情，是过节礼品的首选，也是馈赠亲朋好友的佳品。

4. 乡村购物

● **岳西桑皮纸**　岳西桑皮纸是采用产自安徽省岳西县境内毛尖山乡地区的桑树树皮为原料，经过 30 多道传统手工工艺制造而成的特种纸张。岳西县生产桑皮纸已有 1 700 多年的历史。

岳西桑皮纸纸张质地细密，纹理清晰，百折不损，光而不滑，吸水性强，色泽洁白，墨韵层次鲜明，不腐不蠹。地道的岳西桑皮纸桑皮纤维含量不低于 80%，也可根据合同要求或买方特殊要求进行调整。主要用于书画裱褙、典籍修复、传统建筑内檐棚壁所用的墙纸和文化工艺品等。

● **岳西茭白**　安徽岳西有全国最大的无公害高山茭白基地。2007 年全县种植高山蔬菜 7.4 万亩，其中，高山茭白就有 3 万亩。由于岳西的高山茭白色白味嫩、品质优良，上市时又正逢江南茭白暑缺，所以在南京、合肥、武汉等长三角地区声名鹊起。

5. 乡村民俗

● **岳西高腔**　岳西高腔是安徽省岳西县的古老稀有剧种，由明代青阳腔沿袭变化而来，有 300 多年的历史。明末清初，文人商贾溯潜水、长河将青阳腔传入岳西，当地文人围鼓习唱，组班结社，岳西高腔初步成型；光绪时期，外来职业高腔艺人系统传授舞台表演艺术，促成了岳西高腔的进一步发展。

岳西高腔艺术内涵丰厚，其戏曲文学、戏曲音乐、表演艺术及基本活动形式都自成体系，风格独特。通过对岳西境内民间抄本的发掘、搜集、整理，已累积剧目 120 余种，250 多出，可分为"正戏"和"喜曲"两类，其中"正戏"占绝大多数，包括《荆钗记》等南戏五大传奇剧目的精彩折子，具有较高的文化品位和文学价值，其最大特征是继承了"滚调"艺术并发展成"畅滚"；"喜曲"所唱均为吉庆之词，主要用于民俗活动，是岳西民俗文化的重要组成部分。

6. 旅游线路图

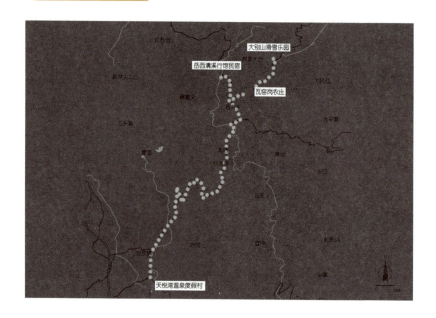

●**创新模式**　温泉养生，打造乡村度假综合体。挖掘特色文化，围绕生态发展，打造具有特色的旅游品牌，把各个景区有机结合起来形成一个精品景区群落，突出旅游开发重点，同时起到以点带面和辐射带动其他景点的作用。

继承和发展传统文化与民俗文化，向旅游者宣传当地社会文化、风俗习惯等，同时构建绿色的景区环境，注重生态、环境保护，形成经济效益、环境效益与生态效益相统一的局面。

●**产品类型**　住宿、IP衍生农产品销售、主题体验活动。

●**成功关键**

1. 树立品牌文化，通过大力宣扬传统文化，打造文化阵地，促进乡村文化风貌提升。

2. 引导开发乡村旅游示范点，在突出乡村自身特色的基础上，丰富乡村旅游内涵。

3. 从景区沿线村庄入手，进行生态改造，促进乡村生态环境改变。

八、河南省（洛阳市）栾川县　栾川宿村寻味品民俗

1. 特色景区

●**精品点1：伏牛山世界地质公园**　伏牛山世界地质公园是国家AAAAA级旅游景区，被誉为"北国第一洞"的鸡冠洞给人"山重水复疑无路，柳暗花明又一村"的新奇、迷离之感，游览时，游客会对大自然溶蚀力的巨大和雕绘力的细腻产生更深的感受，穿梭其间，毕生难忘。鸡冠洞形成于8亿年前，是长江以北

罕见的大型喀斯特岩溶地质奇观，洞深 5 600 米，上下 5 层，落差 138 米。洞中石林耸秀，石瀑飞溅，石帷垂挂，石花吐芬，四季恒温，天然成趣，蔚为壮观。

● **精品点 2：伏牛山滑雪度假乐园** 植被完好，景色原始古朴，自然条件极为优越，雪质优良，硬度适中，集室内滑雪、室外滑雪滑草、观光缆车、德国滑道、高山湖滨观光、休闲避暑于一体，不仅一年四季都能体验滑雪的畅快愉悦，还能享受悠然的度假时光。

● **精品点 3：天河大峡谷** 山环水抱、群峰叠翠、环境秀美、气候醉人，天河大峡谷素有"中原小西藏""百草养生谷""避暑最佳地"等称号。景区地处长江流域，其独有的中部小高原气候，使

其夏季清凉舒爽、宜居。天河大峡谷是伏牛山世界地质公园的核心区之一，是集旅游观光、避暑度假、休闲养生、探秘游乐、旅游地产等于一体的综合型旅游度假区，景区平均海拔超过 1 500 米，年平均温度仅有 10.2℃。

2. 精品民宿

● **老君山伊家民宿**　民宿拥有 4 套两室一厅一厨一卫的品质房源，拥有观景大阳台，远山近景尽收眼底。两间卧室均可看山，其中一间为榻榻米。专属管家和保洁员严格遵守每客必消毒的原则，保障房内整洁卫生。房内每样物品都由房东精心挑选布置，让客人能像在家一样方便自在，又有不一样的新鲜、惊喜的体验。

3. 风味餐饮

● **伊河鲂鱼**　伊河鲂鱼为国家农产品地理标志产品。鲂鱼即鳊鱼，亦称长身鳊、鳊花、油鳊，在中国，鳊鱼也为三角鲂、团头鲂（武昌鱼）的统称。因其肉质嫩滑，味道鲜美，是中国主要淡水养殖鱼类之一。鲂鱼富含蛋白质、脂肪等各种人体所需的物质。性温、味甘，具有补虚养血、益脾健胃、祛风除寒等功效。

● **洛阳燕菜**　洛阳燕菜是洛阳独具特色的风味菜。相传，武则天居洛阳时，在东关一块菜地里，长出一个几十斤的大萝卜，菜

农认为是神奇之物，献给女皇武则天，御厨师把它切成丝、拌粉清蒸，配以鲜味汤汁，女皇吃后，觉其味异常鲜美，大有燕窝风味，赞不绝口，赐名"燕菜"。后传入民间，日久天长，大家都称其为"洛阳燕菜"，流传至今。

● **连汤肉片**　洛阳喜欢吃水席，几十道菜，汤汤水水，吃得人连呼过瘾。连汤肉片是水席中不可缺少的名菜，又以主营豫菜的老店"真不同"所做的最佳，它以精瘦肉为主料，木耳、金针、大绿豆等为辅料，精心制作而成，肉片滑嫩，微酸利口。

4. 乡村购物

● **伏牛山连翘**　河南栾川横跨长江、黄河两个流域，属暖温带向亚热带过渡地带，适宜连翘等药材的生长，年产量都在 1 000 吨以上，其药用价值也较高。

● **栾川红色猕猴桃**　栾川县地处豫西山区，为典型的内陆深山县，由于具有独特的气候和水质条件，特别适宜猕猴桃的生长繁殖。"天源红"和"宝石红"品种在 2008 年通过河南省林木品种审定委员会审定，同年申请农业部植物新品种保护。

5. 乡村民俗

● **靠山簧**　又叫靠山吼、靠山黄、豫西调、西府调，也被称为靠调戏，它是河南梆子中的"牡丹"，是清代乾隆年间流行于河洛一带的"十字调"梆子腔与传布在伏牛山麓的"靠山簧"（俗称"靠调"）相结合的产物。靠山簧最早多流行于豫西山区。冯纪汉所著《豫剧源流初探》一书称靠山吼为豫剧西府调形成的基础。目前人们对"靠山黄"解释说法不一。一说为靠山区的黄戏；另一说，这种戏靠山搭台、唱腔粗野，谓之"靠山吼"。而靠山簧老艺人们却说它的部分曲牌，如一锤安、三起腔等，一句唱词唱三次，下三次鼓簧，两次重复去词，短句靠在长句上，故称"靠三簧"。

靠山簧能演《闯幽州》《赶元王》《下燕京》一类行当齐全的大戏。只是伴奏比较简单。文场上只有两根皮胡琴（京胡）和一柄马蹄号。武场上一面大皮鼓，一副枣木梆和一面堂鼓。所唱曲调有一槌安、连板、三起腔、滚板、单头韵、散板、二八、流水唱腔的句末或句中带讴。牌子曲有青阳、得胜歌、新水令等，演出剧目多是袍带戏和靠把式戏。演员表演质朴粗犷。出场演员先做提鞋动作，再做开门动作，旦角演出时绑矮跷。道具一般是真刀真矛，本地班社服装多是自造。

6. 旅游线路图

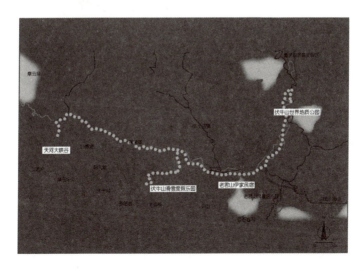

● **创新模式** 围绕世界地质公园，发挥特色民俗优势。栾川县紧紧抓住文化、旅游机制融合的宝贵机遇，依托旅游产业优势，积极融入文化内涵，打造文化旅游产品，丰富游客体验，将文化旅游产业做大做强。根据旅游市场的需求内容和变化规律，确定生态民俗开发主题，实现旅游产品多样化、系列化、配套化。

注重发挥文化对旅游目的地的滋养提升作用，围绕县城、乡村、景区发展，注重文化植入和文化打造，提升旅游目的地的核心吸引力，打造丰富多彩的全域旅游文化体系。

● **产品类型** 自然风光、特色民宿、冰雪运动。

● **成功关键**

1. 以展示民俗文化为核心，拓展开发层次，增加游客在度假休闲过程中的参与性。

2. 实施旅游形式的综合开发，在区域内以一种资源为主体开发多种形式，满足游客的多种需要，例如开展节庆活动以及冰雪运动项目等。

3. 依托生态和旅游资源优势，打造栾川旅游发展的新形象。

九、 云南省昆明市　轿子雪山休闲度假游

1. 特色景区

● **精品点 1：平安福乡墅酒店**　位于禄劝县轿子雪山脚下转龙镇古宜卡村，总用地面积约 1 593 亩。以维护转龙当地的生态环境

和延续乡土文脉特色为出发点，结合观光农业、生态保护和休闲旅游，为游客提供农耕慢生活体验和享受田野景观的乡村旅游度假方式。平安福以湖为中心，湖心有岛，湖湖相通，岛岛相连。共有九个岛：儿童岛、娱乐岛、情侣岛、花丘岛、钓鱼岛、葫芦岛、交友岛、情友岛、热气球观光岛。

● **精品点 2：轿子雪山风景区**   位于轿子雪山风景区游客中心外，滑雪场设计总面积 20 万米²，目前建成可用滑雪道面积 6 万米²，主要以长 390 米的两条初级雪道和 3 条中级雪道为主，可满足 1 天 6 000 人次的接待量。滑雪场主要以滑雪娱乐运动为主，外加基本的职业培训，可同时承办和提供中小型滑

雪比赛。

2. 精品民宿

● **轿子雪山澜悦轩农庄**　位于转龙镇桂泉多宽中村 112 号，美丽的洗马河畔。距离农庄约 500 米，有综合性的平安福湿地公园，可以垂钓、露营等。提供住宿、餐饮、摄影等。每个标间都有独立阳台，是旅游休闲的好去处。

3. 风味餐饮

● **东川面条**　东川的面条是云南最好的面条之一，久煮不烂，又香又滑。东川面条之所以味道很好，是因为这里的水质、土壤和阳光都很特别。最值得推荐的是卤面，汁香，佐料多，面软，吃到嘴里，十分享受。

● **石林乳饼**　养殖户素有用鲜羊奶制作乳饼的习惯，在石林已有 300 多年的历史。石林乳饼一直以来深受当地群众的喜爱，是享有盛名的地方土特产品。"羊奶妈"牌、"朋成"牌产品，2005年取得国家有机产品认证，并获得第一届至第三届昆明国际农业博览会优质奖、银奖、金奖。产品畅销省内外，部分销往香港、澳门、台湾等地。

4. 乡村购物

● **玫瑰茄** 又名洛神花，具有清热解渴、帮助消化、利尿消水肿、养血活血、养颜美容、消除宿醉的功效，可以促进新陈代谢，清凉解渴，使人精神振奋，食而有味，还可抑制喉咙发炎，感冒或嗓子疼时喝了可以减轻症状。此外还能消除疲倦，改善便秘，对皮肤粗糙、肥胖都有帮助。花中含有的维生素 C、接骨木三糖苷、柠檬酸等成分，有益于调节和平衡血脂，增进钙质吸收，促进消化等。

● **撒尼挂包** 撒尼挂包是云南昆明的特产。撒尼妇女具有爱美的天性和缝制精美手工的技巧，备受海内外游客欢迎的绣花挂包就是她们的杰作。它既是一种生活用具，也是一种精美的民族民间工艺品，挂包的图案及挑花技巧，具有浓郁的民族特色和地方色彩，是云南少数民族挂包中的代表，曾获国家旅游产品奖。

5. 乡村民俗

● **昆明调** 流行于昆明市区及呈贡、晋宁等滇池周围的汉族地区，昆明附近部分少数民族亦有传唱。昆明调泛指这一地区的汉族山歌、小调，民间有调子、民歌等多种称谓。

昆明调多在山野田间歌唱，一般不受季节限制。除插秧时节的田间对唱外，大规模的歌唱活动常集中于当地每年举行的歌会（调子会），如传统的"三月三山歌会""六月二十四跑马山歌会""玉兰调子会""红石岩歌会""观音山调子会"等。多以"赛歌"的形式出现，甲乙双方各有若干"歌师傅"指点策划，即兴编词，互相问答，体现集体智慧。赛歌常相持数日不分上下。歌词内容十分广泛，包括男女情爱、家乡风光、历史、地理、生产、生活等多方面的知识、趣闻。昆明调曲目繁多，流传较广的有耍山调、猜调、大河涨水沙浪沙、拈鱼、赶马调、送郎调、放马山歌以及东门腔、西门腔、草海腔等。

6. 旅游线路图

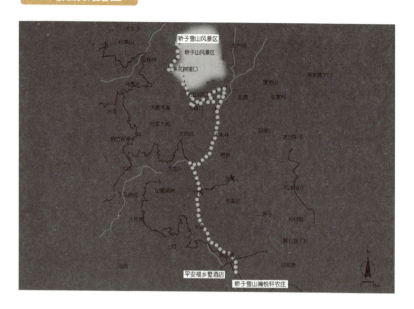

案例分析

● **创新模式**　围绕雪山资源，开发配套乡村休闲度假产业。充分利用轿子雪山构建旅游圈的有利条件，完善旅游圈内外交通网络，增加资金投入，建设与完善特色客栈、风味餐饮，将轿子雪山旅游圈打造成为昆明市北部旅游圈的核心。

依托乡镇田园风光、农事活动、民俗文化，让游客体验农村生活、农村风情，提高参与性，丰富旅游体验。在开发过程中，鼓励当地居民积极参与服务，共同促进观光休闲农业发展。餐饮要注重以绿色饮食、农家餐饮为主；住宿应基于农村住宿资源、体现农业特色；商品开发则应以农业产品和手工艺品为主，体现农业特色。

● **产品类型**　农事活动、自然风光、休闲度假。

● 成功关键

1. 以当地产业园区的绿色农产品、中药材资源为依托，进行工业和旅游业的融合发展，创建天然健康食品产业化示范基地，创造收入。

2. 发挥精品旅游、全域旅游等新动能的驱动能力，实现旅游发展新旧动能的转换。

3. 不断强化品牌影响力，提升轿子雪山旅游的知名度和影响力。

十、新疆维吾尔自治区（乌鲁木齐市）乌鲁木齐县　西域冬季冰雪体验游

1. 特色景区

● **精品点 1：冰雪特色小镇**　总建筑面积 37 万米^2。北镇是以冰雪为主题的特色产业区，包括演艺中心、主题广场、美食街、特色民宿风貌街等，南镇是以文体康养为主的特色居住区。随着夜幕降临，裸眼 3D 灯光投影唤醒静止的建筑，从天山夜景到三维立体动画，从大美新疆到冰雪运动，或红或黄或蓝的灯光不断变幻，描绘出特色小镇的独有气质。

● **精品点 2：丝绸之路国际滑雪场**　占地 12 千米^2，是目前国内三大滑雪场之一，可同时容纳 1 万人滑雪，建有初、中、高级雪道共 8 条，并拥有西北地区唯一直达原始森林的专用滑雪及观光缆车 3 条。配有 2 条舒适魔毯的儿童和成人滑雪教学区，1 100 米的四人滑雪观光缆车直达山顶。同时建有 6 000 米^{2}的生态酒店、雪地飞碟欢乐园、单板公园、动力三角翼会员飞行体验基地，以及国际标准高山滑冰场、滑雪综合服务接待大厅、国际品牌雪具专卖店、1 200 米^{2}的休闲木平台阳光食街等滑雪配套服务设施。

2. 精品民宿

● **乌鲁木齐县静石台民宿**　位于乌鲁木齐县板房沟镇板房沟村，距离法明寺约 500 米，距鹰沟约 1 千米，距天山大峡谷约 4 千米。

建筑面积 3 000 米^2，共有各类客房 18 间，是集禅意茶席、民族特色、星空房、家庭亲子等特色于一体的静谧处所。静石台是一处放松身心之所，用质朴去坚守美好，处处注重细节，是人们闲聊与发呆的私密空间，星空房还能让入住的客人安静赏月观星，让我们的人生因心静而美好。

● **烤肉**　维吾尔人将烤肉称为"喀瓦普"。根据烤制方法的不同，又有具体名称，如"图奴尔喀瓦普"意为馕坑烤肉，也就是人们津津乐道的烤全羊；"孜合喀瓦普"即串烤肉；"喀赞喀瓦普"意为"锅烤肉"，实指炒烤肉；"刻仁喀瓦普"意为"肚子烤肉"。民间烤制羊肉的方法多种多样，常因制作方法不同而不同，但又因用料基本相似，色泽和香味往往大同小异。

● **乌鲁木齐抓饭**　乌鲁木齐抓饭是新疆维吾尔、乌孜别克等民族人民喜爱的一种饭食，多净手掇食，故汉语称之为"抓饭"。抓饭的主要原料有大米、羊肉、胡萝卜、葡萄干、洋葱和油。用它们混合焖制出来的饭，油亮生辉，香气四溢，味道可口，特别是在婚丧嫁娶的日子里，当地人总要做出大锅的抓饭招待亲戚朋友。

● **新疆烤包子**　新疆的烤包子，有很长的历史，以前这里的游牧民，出外放羊、打猎，都自带馕、水、刀、面粉等，很长时间不回家，自己在外面做吃的。相传最早的烤包子就是在野外诞生的，牧民打来野兔，把肉洗净切碎，用和好的面包上，放在木炭上烤熟了吃，味道不错，只是沾在外表的炭灰不好办，聪明的牧民就找来三块石头，两块当支架，另一块平整点的架在那两块石头上，然后用木炭把石头烤热，再把"兔肉包子"放在石头架的内壁上，这样烤出的包子外表就没有炭灰了。后来烤包子都是在炉膛里烤，肉馅也多种多样。

◀ 4. 乡村购物

● **花帽**　花帽，维语称之为"朵巴"，系维吾尔男女老幼都喜爱佩戴的帽子。花帽呈四楞圆顶状，不但实用，而且是一种具有装饰美感的工艺品。花帽上，一般用黑白两色或彩色的丝线绣出有民族特色的花纹图案。

◀ 5. 乡村民俗

● **木卡姆艺术**　木卡姆艺术是流传于中国新疆各维吾尔族聚居区的各种木卡姆的总称，是集歌、舞、乐于一体的大型综合艺术形式。在维吾尔人的特定文化语境中，"木卡姆"已经成为包容文学、音乐、舞蹈、说唱、戏剧乃至民族认同、宗教信仰等各种艺术成分和文化意义的词语。

◀ 6. 旅游线路图

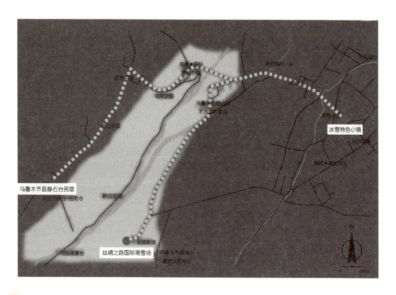

● **创新模式**　利用西域风情，开发新疆淡季旅游。重点打造天山遗产廊道，打通最美观景点的山区道路，形成特色冰雪小镇核心产品；开展合理的分类分区保护开发，建设生态服务设施，如森林有氧运动、草原康体养生等；建设自驾车生态营地、国际生态度假村；建设特色旅游示范区。

创新办节模式。举办各种特色旅游文化节等，形成旅游节庆品牌，使各种节庆会展活动成为新疆旅游形象、旅游产品、旅游服务展示的大舞台和旅游惠民生、合作促发展的新平台。

● **产品类型**　冰雪运动、特色小镇、跨界美食。

● **成功关键**

1. 推广民俗文化、民俗产品、民族刺绣、民族餐饮等体验活动，丰富文化旅游品牌，通过景区观光、品鉴农家乐、小镇特色美食、实景演出等特色项目吸引游客。

2. 创新发展理念，转变旅游发展方式，完善基础设施和旅游公共服务体系，给游客营造优美的生态旅游环境。

3. 创新举办新疆特色节庆活动，打造区域特色旅游品牌，提升影响力。

图书在版编目（CIP）数据

乡村旅游精品线路设计及典型案例／马亮编著．—
北京：中国农业出版社，2022.12
ISBN 978-7-109-30159-7

Ⅰ.①乡… Ⅱ.①马… Ⅲ.①乡村旅游－旅游规划－
研究－中国 Ⅳ.①F592.7

中国版本图书馆 CIP 数据核字（2022）第 186366 号

乡村旅游精品线路设计及典型案例
XIANGCUN LÜYOU JINGPIN XIANLU SHEJI JI DIANXING ANLI

中国农业出版社出版
地址：北京市朝阳区麦子店街 18 号楼
邮编：100125
责任编辑：国　圆
版式设计：杜　然　　责任校对：吴丽婷
印刷：北京通州皇家印刷厂
版次：2022 年 12 月第 1 版
印次：2022 年 12 月北京第 1 次印刷
发行：新华书店北京发行所
开本：880mm×1230mm　1/32
印张：8
字数：225 千字
定价：58.00 元